建筑——意义和场所

建筑现象学丛书

建筑——意义和场所
Architecture: Meaning and Place

[挪威] 克里斯蒂安·诺伯格－舒尔茨　著

黄士钧　译

中国建筑工业出版社

著作权合同登记图字：01-2010-4171 号

图书在版编目（CIP）数据

建筑——意义和场所 /（挪威）诺伯格－舒尔茨著；黄士钧译 .
北京：中国建筑工业出版社，2018.3
（建筑现象学丛书）
ISBN 978-7-112-21738-0

Ⅰ . ①建…　Ⅱ . ①诺…②黄…　Ⅲ . ①建筑学－研究　Ⅳ . ① TU

中国版本图书馆 CIP 数据核字（2018）第 002263 号

Architecture: Meaning and Place / Christian Norberg–Schulz

Copyright © 1986 by Christian Norberg–Schulz

Translation Copyright © 2018 China Architecture & Building Press

本书经 Ms. Anna Maria De Dominicis Norberg–Schulz 正式授权我社在世界范围内翻译、出版、发行本书中文版

责任编辑：董苏华　　责任校对：张　颖

建筑现象学丛书
建筑——意义和场所
[挪威] 克里斯蒂安·诺伯格－舒尔茨　著
黄士钧　译
＊
中国建筑工业出版社出版、发行（北京海淀三里河路 9 号）
各地新华书店、建筑书店经销
北 京 嘉 泰 利 德 公 司 制 版
北京京华铭诚工贸有限公司印刷
＊
开本：787×1092 毫米　1/12　印张：21$\frac{1}{3}$　字数：366 千字
2018 年 5 月第一版　　2018 年 5 月第一次印刷
定价：**89.00** 元
ISBN 978-7-112-21738-0
（31556）

目 录

前言

在现代建筑运动大师离世之后的30年中,建筑领域中的理论和实践发生了激进的转变。但至今仍然不清楚,谁是这些变化的倡导者以及他们各自在其中所扮演的角色。

我们很容易看到那些用作品为新文化提供样板的建筑师,但却难以找出那些创建了新型理论和方法工具,诊断出建筑困境并且指引摆脱建筑断根危机道路的人们。

克里斯蒂安·诺伯格-舒尔茨无疑是一位新型理论基础的创造者,是一位思想大师。他的影响虽不喧闹但却是精辟深远的。

作为典型的国际文化拥护者,这位"飞行挪威人"花费了很多时间到世界各地的大学讲学,这种活动能力可与著名哥特建筑师维拉尔·德·奥利库尔(Villard de Honnecourt)比肩。历史将铭记诺伯格-舒尔茨这位伟人,铭记他那令人信服的论断:任何一个建筑作品都属于一个地方,它因此首先是"地方性"的。

国际主义和传统根基之间的冲突比其真实状况更为明显,因为在今天,真正的国际性具有普遍的价值。与以往形成对照的是,当一件建筑作品具有城市质量时,即作品能够更新和改进现代城市的病态机体时,才具有真正的价值。诺伯格-舒尔茨的理论不仅代表了这些相对目标的综合,而且也是一个与系统论相对立的方法论的典范。事实上,他总是避免提出多价的公式来应对所有的疾病。他捍卫了建筑学作为研究和理解的高尚思想,除了那些作为建筑作品的安全基础并经传统增强的根本原则外,建筑学并不概括什么。

诺伯格-舒尔茨创造性地在理论中引入了三种不同的思想,从而对更接近当代人们需要的新建筑作出了特别的贡献。这三种思想第一是心理学方面的,第二是存在意义上的,第三是传统方面的。场所的概念就是三种思想所汇集的中心议题。他第一次把这个概念的完整建筑意义揭示出来:"由特定材料、形式、质感和色彩的具体事物构成的整体。"

舒尔茨是热情研究科学和理论工作的学者,他同时也十分关注哲学和诗学。他把对其他领域的深入观察和思考带入建筑文化,从而强化和深化了对建筑的人文理解。他的研究始于格罗皮乌斯和密斯的传统并在自己研究形成的关键时期追随了这两人的教诲。他的另一个初始研究领域是经皮亚杰(Piaget)丰富的格式塔理论。这种传统和理论激发了他以一种新的科学方法来研究建筑形象的知觉,考察其视觉价值以外的触觉和声学性质,探讨建筑实体与用户生活之间的关系。通过参与建筑的过程,即在建筑物某一部分中观察自身和他人,他以一种新的语言提出了古典建筑的拟人质量,开启了对文艺复兴理论传统的重新诠释。诺伯格-舒尔茨通过对存在意义的研究,将海德格尔(Heidegger)、巴什拉(Barchelard)、博尔诺(Bollnow)的宝贵研究与林奇(Lynch)的研究工作联系起来。海德格尔对空间和居住的思考,多年来为建筑文化所忽视,因为其概念难以在哲学以外的领域被正确理解。诺伯格-舒尔茨以突出和完善的体系,将海德格尔的思考带入建筑讨论之中,从而在反思和批判现代运动及其深刻危机的方面,获得了具有指导意义的重要价值。

在诺伯格-舒尔茨的著作中,出现了巴什拉和海德格尔以及他们研究中提到的里尔克(Rilke)、特拉克尔(Trakl)、普罗斯特(Proust)的思想,他们形成连续跃动的环圈,互相共鸣,融入了历史与现代的建筑之中,恢复了人在物质实在体系中的中心和理解的角色。这些物质实在构成了建筑的领域,形成了由历史所产生的表达体系。

由于建立在建筑历史基础之上,诺伯格-舒尔茨的理论从自始至今都没有出现过任何不连续一致的障碍。

早在 1963 年写下的《建筑中的意向》一书中，这种努力就十分明显。对于一个激进的建筑师来说，这种方法在当时是相当不寻常的。正是在这样的情况下，我们来理解他的理论在 20 世纪 80 年代建筑文化中出现的新的批判态度中所起的作用。

诺伯格－舒尔茨从来不认为自己是一个后现代主义者，并且几次否定了与这个名词相关的肤浅论调。在组织"过去仍然健在"的展览中，他发挥了重要的作用。在 20 世纪 80 年代初期，这个展览成为建筑研究方法的转折点。

毫无疑问，舒尔茨对建筑理解的重大贡献，引发了对国际风格所进行的有益和热烈的讨论。这种贡献不仅取决于上述的重要理论工具，同时也取决于在解释任一时期和文明的建筑作品时，他运用这些工具的力度和明晰性。舒尔茨总是力图理解人们及其思想。

作为一位笔者，我非常荣幸，因为诺伯格－舒尔茨总是非常关注我的研究。这种关注始于 20 世纪 60 年代初期的我们的一次会面，那次会面成为他精神发展中的一个重要时刻。

这种关注指明、增强、深化了一种使命，即去发现和揭示在过去几十年中，科学、技术、社会和文化中的巨大人文转变，参与到人类命运的伟大决斗之中。

在诺伯格－舒尔茨的帮助和影响下，我今天可以指出，20 世纪的建筑目标即将出现，这个目标就是接近一种既属于独特场所又有普遍一致特性的新的语言。之所以说是普遍一致的特性，是因为我们生活在一个没有中心的世界，这种新情况丰富了我们人类，同时也需要人们有更大的勇气。

在谈到舒伯特时，阿多诺（Adorno）用了一个相当适用于诺伯格－舒尔茨研究的词语："通用的方言"，它来自不可到达但却可以非常接近的地方，这正是我们长期以来所希望回到的地方。

保罗·波托盖西
（Paolo Portoghesi）

理 论

引言

因为从事建筑教育、设计、规划已30多年，所以我十分关注我们物质环境的价值和形式。

今天，环境的问题通常是由那些被认为是"专家"的人们通过"实用"的方法来处理的。然而从一开始，我就质疑这种方法是否适当。环境问题不应被减缩为其实用的方面，解决问题的"答案"应当以人们对参与和意义需求的真正理解为先决条件。

为了理解这点，我们有必要来考察一下现在的状况。

在我积极工作的期间，现代世界经历了一场深刻的危机。历史环境正在加速瓦解，自然环境成了污染和无视后果的开发的牺牲品，人类只被当作"人体材料"。总体上看，人们不再是有意义整体的一部分，而是成了自己和世界的陌生人。

我在工作中体会到，这种危机的具体后果无处不在。我曾在意大利待过相当长的时间，那里的问题更为突出。意大利现代艺术和文学，实际上相当关注疏远和不可交流的议题。费利尼（Fellini）的电影《交响乐团的排练》就是一个例子。电影通过一市内管弦乐队的故事，揭示了友情、关爱和表现意义的丧失，这些丧失成为现代社会的特征。音乐家们根本不在意自己的乐器，音乐表现只是为了炫耀。毫不奇怪，排练发展到后来，成为对以专制形象出现的指挥的反叛。当作为排练场地的中世纪小教堂倒塌时，每个人都震动了。然而这种震动效应并不持久。在最后一次演出之后，解散和困惑成为一种无望的事实。尽管表现了这些悲观的信息，电影仍然受到了公众的热捧，人们认为是为现代状况提供了一幅"真实"的图画。这种评判固然有建设性的意义，但它也表明，很多人开始欣赏世界正在瓦解的想法。

我也从年轻人中感受到这种危机。在从小型方案到综合规划的设计过程中，我和学生们一起合作，对他们很了解。虽然他们富有才能，诚实，但他们往往带有现代世界的烙印：希望和信仰的丧失。悲观的一代正在成长，在他们当中，冷嘲的反抗取代了热情的参与。

值得指出的是，这种危机出现在人们的知识、分析方法和技术手段正在不断更新进步之时。似乎我们能够解决所有的问题，但事实上却是问题翻倍。最近的历史进一步表明，政治和经济的变革——不是说革命——对此毫无帮助。危机是普遍的，与政治体系无关。批判当今的世界肯定不是我独创的，然而之所以我想到上述众所周知的症状时，是因为人们还没有充分认识到危机的起源，更不用说试图找到脱离困境的方法了。

我深信，我们人类和环境问题的根源在于教育，要解决这个问题，只能通过改变我们的教育观。换句话说，如果我们想使世界变得好些，我们只有改变人才行。一个较好的世界只能在内部产生。但这并不表明，我想用一种预定的模式来塑造人们。我只是认为，我们应当去提教育人类意味着什么这个老问题，而不是像今天普遍的做法那样，来培训某些"专门"的能力。在规划世界之前，人类必须先发展自身。

为了理解这一点，让我们进一步来看看环境和人类的危机。在过去，人们的生活与事物和地方密切相关。尽管生活艰难和社会不公，人们在总体上具有归属和认同感。世界被经历为一个具有质量和意义的世界。世界因此是共有的，成为共享和参与的基础。里尔克说过，"对我们的祖辈来说，那些至今还在的住房、水井、熟悉的教堂尖顶，甚至他们自己的衣服和披风，都是那么亲切和有意义——几乎所有的东西都是可以找到人类情感的载体。而当今，空洞和冷漠正在侵扰，虚假的东西，生活的摆设……"[1]

世界曾经是一个具有质量的整体，人类自身是其中的一部分。而今天，我们只和数量有关。从孩提时代起，我们学习度量和分类。一种抽象的理解占据了主导地位，这就是通常所说的"科学的理解"，这种教育出现在人们学习的最初阶段。例如，挪威的幼儿园老师们清楚地告诉学生，神话"只是神话"。想象因而受到扼杀，"理性"占据上风。过激的"科学"方法把世界减缩为一组资源，把人减缩为一种"需求"的混合体。存在变得没有意义。

我说这些，并不是要质疑科学的价值和有用性，而只是想指出，当人们把从度量所获得的知识与对世界的整体理解分开的做法是危险的。因为正如海德格尔所说，"科学不是真理的原初状态，而总是对已知真理的培养。"[2]

总体上看，事物和地方的丧失导致了"世界"的丧失。现代人"没有了世界"，也就失去了社区和参与感。存在变得"没有意义"，人们"无家可归"，因为他们再也不归属于一个有意义的整体。进一步来看，人们变得"漠不关心"，因为他们不再有一种迫切需要来保护和建设世界。居住和关照的丧失成为年轻一代不安的根基。17—24 岁之间是个人发展的重要时期。在此之前，学习只是"吸收"，而之后则是"定形"。在年轻时

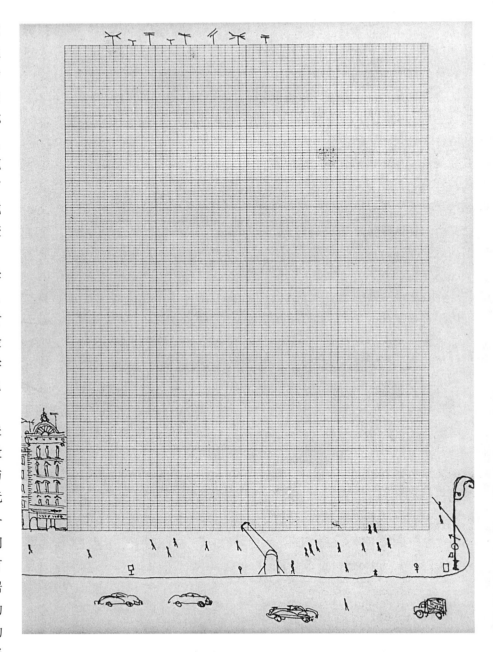

代，学习是"探索和相聚"，我们都知道，这段宝贵时间对塑造我们的世界，提供我们的基础是非常关键的。这个探索的年龄时期自然也是"反抗"和"离开"的时期（以后的时期是"回归"的时期）。德国人把年轻人叫作狂飙突进。在历史上，狂飙突进是进行丰富想象活动的时期，是探索意义以及通过形象描述来建立个人世界的时期。今天，所有的东西都成了"某种事实"，剩下来就只有"需求"了。年轻人因而依赖不同的替代物：政治抗议（尤其是马克思主义派别），嘲讽和怀疑（"请不要再讲神话了"），感观刺激物（消费、纵欲、吸毒）。这些新的"生活方式"显然与社会和经济状况相联系，但它们并不是由这些状况产生的。对世界富有诗意和想象理解的丧失，产生了这些新的生活方式。人们还是需要一个本真的世界，最近出现的使用旧衣服的情况就是一个证明，这些衣服携带了已知和未知的记忆。

对富有想象力的人类来说，抗议、嘲讽和表面刺激是不需要的。所以，今天的根本目的就是要把丰富的想象力返回给年轻人，让他们面向不可实际度量的世界。这意味着要回到"事物本身"，这是战胜目前抽象统治的唯一办法。[3] 事实上生活并不是由

13

数字和数量构成，而是由具体的事物构成，如人、动物、花草和树木、石头、土壤、森林以及水体、集镇、街道、房屋、太阳、月亮、星星、云朵、黑夜、白天和变化的季节。我们在此是要来关照这些事物的。

我所主张的也许是对大家熟悉的"美学教育"的回应，它是我们时代所高度关注的一个问题。总的来说，美学教育被认为是对智力知识的一种补充。"通过实干来学习"的口号表明了这种方法。不过其结果并不令人信服，现有的危机证实了这一点。就我来看，问题来自对表现方面的过度关注，而没能同时发展应当去表现什么的思维。实际上，现代艺术通常只是展示了"手段"。我们因此首先需要的是一种对世界更好的认知和理解 [在此，"理解"一词取其原初的意义：站在事物之下或之中（under–standing）]。

我们也许可以把这种理解称为现象学的理解。与胡塞尔（Huerssl）的观点形成对照的是，海德格尔把"现象学"定义为对"事物的事物性"的研究，即事物是怎样联系和互相"反射"的。他因而谈到世界的"镜面互射"。这也许听上去有些含混和奇怪，"现象学"仍然被认为是一门相当晦涩的学科。不过，海德格尔为具体理解现象学这词提供了启示性的答案。

5. *"Home" (Naples).*
图 5. "家"（那不勒斯）

在他的短文《思想者是诗人》的结尾，他用几句话来简单而具体地描述现象学方法："森林铺开 / 小溪欢腾 / 岩石经久 / 薄雾弥漫。草地静候 / 泉水涌出 / 风声逗留 / 祝福沉思。"[4]

在此，海德格尔触及了事物的事物性根基，使人们理解事物是怎样"存在于"世界上的。他教导人们，观察是一种诗意的知觉。

我所主张的是我们日常环境的简单现象学。从认识环境这个意义上来理解的现象学应当是初等教育的任务。在高等教育的层次上，这种教育应当发展为一种更为全面的文化学科，融合地理、历史、艺术和文学、语言、神话学、心理学等方面的研究。总体上看，现象学应当成为教育的集聚中点。从这个揭示世界整体的中点出发，科学研究和艺术表达获得养分，同时也整合了思想和情感的王国。

换句话说，我们所需要的是重新发现世界是一个相互作用且具有质量的整体。我们也需要重新发展尊敬和关爱的观念。要想改变我们的状况，我们不能通过伟大的"规划"来实现，而是要通过关照贴近我们的事物来完成。里尔克说过，"事物相信我们的拯救"。然而，我们只有把事物放在心上，我们才能拯救事物。"我们是看不见的蜜蜂，采集了看得见的蜂蜜，把蜂蜜放在看不见的金色蜂巢之中。"[5] 当这种情况出现时，我们可以说，我们就是在真正的居住意义上"居住"下来，准备来拯救地球。

书中的文章是在过去 20 年中写下的，总结了我从现象学的角度对环境问题的研究。研究包括理论方面的（关注意义和场所的问题）、历史方面的（着眼于把建筑作品理解为对"世界"的显现）和实际方面的（讨论当今建筑和城市设计倾向的价值）。这些研究所共有的基础就是一个信念，建筑至关重要。没有场所，就没有人们的生活，建筑就是在具体和现象学的意义上，创造有意义的场所。

建筑中的意义

两次世界大战之间的功能主义建筑，想要清除从过去传承下来的所有东西。结果，建筑师们大胆地让建筑和城市向光线和空气开敞，以创造逻辑和适用的形式。现代建筑运动的追随者们有意地称这种形式为新房屋的创造。

"建筑"一词被回避了，因为这词会提醒他们，房屋曾在历史上被认为是艺术。他们不想去创造艺术品，而是去探索人们的物质和功能需求，历史上的美学被"清净结构"和忠实材料所取代。尽管在实际中，这些意图只是部分地得以实现，但建筑的世俗化却在原则上得以完成：建筑物不在去表现和象征，而只需要具有功能。这种态度清楚地表现在 H·迈耶（Hannes Meyer）于 1928 年写的文章中："世界上所有事物都是公式（功能乘上时间）的产品；所有艺术都是构图因而不具有功能；所有的生活都是功能性的，因而都是非艺术的。"[1]

让我们来看一下功能主义的表现，就可以更好地理解这些言论。我们都知道早期功能主义建筑的特征标记：简单、立方体、大面积玻璃、白色表面、开敞通透空间。勒·柯布西耶引入了自由平面的概念，密斯在其设计的巴塞罗那展览馆中，将这种自由推向极致。在这个作品中，所有的房间被统一为一个连续流动的空间；甚至内部和外部的过渡都难以觉察。不过，清晰的钢骨架使建筑具有某种条理。如果想要在空间概念中统合这些特征，我们就可以把功能主义空间定义为在所有方向上的同质延伸。一个开敞、统一、拥抱一切的空间成为理想的设计，空间没有秘密和质量的不同。用三维坐标系统来描绘这种空间很合适。当空间中充满光线时，这不仅是实际上的需要，而且无疑也是空间统一和逻辑的特征。功能主义因而成功地创造了一种新的形式语言，以表达时代所追求的自由和用逻辑与科学方法来塑造现实的信仰。

功能主义的实用预先假设也是众所周知的。由工业化所产生的新的生活需要和形式，无法用传统的建筑类型来满足，大城市中的悲惨状况需要对人的环境来一个彻底的改变。然而，这些因素并不能完全解释功能主义。功能主义是更为深刻力量作用的一种结果。首先，我们可以认为它是后中世纪世界的一种典型表现。

在中世纪，现实被理解为一种有序的世界。每一种社会角色，人们的每一个产品，人们的每一个行为都获得了与这种秩序相关的意义。现实中的所有元素因而具有质量，其意义是由神圣的启示来决定的。中世纪的世界观念也许可以与一建筑物相比，我们会自然想到主教堂那具有等级和不同的形式。[2]

要从这种观念中摆脱出来的意愿，成为其后的时代特征。人们不仅反对教会的集权权威，而且要在没有任何教条和传统观念的束缚下来自由地探讨现实。人们不是归属这个世界，而是以理性和批判的态度站在其对立面上，中世纪的"建筑"被一种增长的经验集合所取代。真正的驱动力无疑是一种梦想：终有一天，人们可以"现实地"面对世界。

建筑学忽视了这个普遍的历史过程。早在文艺复兴时期，简单的算术关系已经取代了主教堂形式中的非理性几何体，尽管巴洛克艺术和建筑表现出新的对超"自然"的兴趣，但重要的是其动态性已经指向了现代建筑的"开敞"空间。然而只是到最近，人们才有可能承认一种与勒·柯布西耶所说的"自然"的可能性和人们的状况相一致的经验主义建筑。科学的巨大进步最终似乎为理性世界观念提供了实在的基础，现代建筑技术使得相应的功能主义建筑成为可能。

毫不奇怪，这种景象获得了热烈的反响。人们无法抗拒这种建筑的明晰性和现实的实用性。尽管还要克服许多情感上的障碍，但现代运动自然

6. "Functional home." Breuer: Piscator apartment, Berlin, 1920.
图 6. 功能居室, 布劳耶: 皮斯卡托公寓, 柏林, 1920 年

7. Open plan.
图 7. 开敞布局

是成功的。功能主义使建筑与社会的总体发展相一致, 这无疑是一个创造有意义环境的必要前提。所以, 20 世纪 30 年代所梦想的"国际式"在今天成为现实。我们应当高兴地看到, 目标从原则上是达到了, 虽然我们还要解决贫困和住房短缺的问题, 但这只是在人们满足其需要之前的时间问题。

但是, 在这种福利和物质进步的条件下, 一些倾向开始出现, 对理性运动的倡导者们具有一种警醒的作用。许多领头的建筑师也认为, 形式语言在这种建筑中似乎是非理性和牵强的, 而实用功能方面的因素也只居于次要的地位。在过去的一些年中, 这个现象已经如此普遍以至于我们再也不能认为, 它是偶尔从理性安全之路上逃脱出来的。

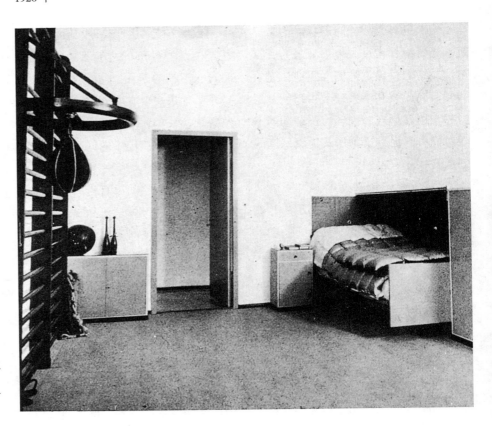

人们明确表达了对早期功能主义基本信条的普遍怀疑。不过, 这种怀疑既不关注建筑物是否具有功能, 也不想回到历史主义和民族浪漫主义的过时态度, 而是抓住了问题的实质: 人们是否真正满意后中世纪时代的理性概念?

对后中世纪世界观念的怀疑并不是从建筑师开始的。这种怀疑出现在许多领域中, 是文学和报纸中广为人知的论题。有人指出, "启蒙"和"自由"并没有解决人的问题, 现代世界

18

8. *The past environment (Speyer).*
图 8. 昔日环境（施派尔）

产生了被动和不满。E·弗罗姆（Eric Fromm）说过："当代人在自己大部分自由时间中是被动的。他是一个永远的消费者。他吃喝、抽烟、讲学、观光、读书、照相；所有东西都被吞噬、咽下。世界成为他消耗欲望的庞大物体，一个巨大的瓶子，一个硕大的乳房。人们成为永恒的期待者，失望地吮吸。"[3] 尽管问题众所周知，但却很少被理解。后中世纪时期的理性人的思想仍然占据主导地位，人们普遍认为，如果"实在"地把握现实，就可以解决所有问题。

让我们进一步来考察一下这个现实。我们知道，我们直接的经验与科学的世界观念没有什么联系。我们体验不到原子和分子，而是或多或少感受到清楚的"现象"。例如，当我们遇到他人时，我们马上就会觉察到某些属性，它们会对我们的行为产生正面或负面的影响。这些属性是最具变化性的。相貌和职称会影响人们的经历。"新知"因而包含了一系列具有质量的元素。它们以一种非逻辑的方式本能地混合在一起。

对人的科学描述无法取代这种整体经历。即使有可能非常了解一个人，并将这种了解转变成生理和心理的描述，描述也不可能是详尽的，因为它无法包含以下这个事实：人们在体验事物时，不同种类的质量被本能地混合在一起。

知觉因而从根本上不同于科学的分析。经历有一种"合成"的属性，它把握复合的整体，其中没有逻辑关系的元素被完全地整合在一起。但这并不意味着我们总是在感受类似的世界。我们从日常生活中得知，人们的看法很难取得一致；所以我们也不能接受世界的"实在"就是本能所体验到的那种"天真的现实主义"。例如，一个心理学试验表明，同样一个硬币，穷孩子所看到的就比富孩子看到的要大。在此，主观价值的不同影响了对实际尺寸的知觉。我们还知道，同样的事情会随我们的"心情"而改变。当我们沮丧时，甚至平时看来是可爱的东西也会变得可憎。[4]

所以，我们在环境中的"定位"通常是有缺陷的。通过培养和教育，我们试图为个人提供对相关物体的标准态度，来改变这种状况。不过这些态度并不适应"目前的实存"，因为它们在更高的层次上受到社会的制约，并且随着时间和地点而变化。

上述讨论表明，我们不可能将现实的感受描述为"实存的"，因为这是没有意义的。现象的属性不接受任何直接触及的静态世界或绝对形式的世界，同时也表明，我们正面临一种

与不断变化力量之间的相互作用。

为了有效参与这种相互作用，人们需要在现象中定位自己，需要用符号来保存现象。为了达到这一目的，人们发展了众多的"工具"。科学无疑是一个非常重要的工具，但我也已指出，其他类型的符号系统也同样重要。环境越是复杂多样，我们就越需要大量不同的符号系统。[5]

科学关注一类符号表达。它力图对现实进行精确和客观的描述。通过抽象和概括，科学定义法则，定义有序逻辑系统中有序的物体。在日常生活中，我们很少碰到"纯粹"的科学物体，而是会把复杂且自发给定的现象感受为一个综合的整体。这种整体难以用科学的思维来认识，因为它们会在分析中联系不起来。我们可以把科学的物体看成为具有规定特质的筛子。当用此筛子来看待现实时，只有那些与规定特质相应的东西留在筛中，而其余的东西则从网眼中被筛掉。然而从科学网眼中所失去的，都可以被其他种类的符号象征系统所接受。对我们而言，特别重要的就是被称为艺术的大宗符号系统。艺术并不提供描述，而是表达现实的某些方面。我们可以认为，艺术具化了现象的复合体或生活状况。我们当然可以从科学的角度来研究艺术，但这种科学探讨

并不能替代艺术符号系统本身所具有的作用。然而我们不可以将科学真理标准与艺术相联系，因为我们通常的真理概念是以纯粹物体的逻辑秩序为前提。非描述性的符号系统因而并不提供知识，也不提供经历和对行为的导向。

值得注意的是，艺术可以具化价值和个体状况。然而，艺术最为重要的功能是可以具化可能的环境复合体，即对已知元素的新综合。艺术以这种方式表达了以往不曾有过的生活状况，从而释放出新的经历，促成了对人及其现实的改变。

从出生开始，人们就试图在环境中定位，以建立某种秩序。共同的秩序被称为文化。文化的发展基于信息和教育，所以取决于共同符号系统的存在。介入某种文化意味着参与者知道如何运用共同的符号。在有意义的相互作用的基础上，文化将独自的个性统一在一个有序的世界中。

"原始人"没有刻意区别不同类型的符号系统，而将它们一起视为魔力与神秘；所有事物中都有善良和丑恶的"力量"。这个现象并不是偶然的，而是反映了一个事实：环境确实被认为是由可怕和友好的物体构成的。原始人绝对不会对环境采取中立态度，因此不可能"抽象"出环境中的不同

9. The present environment (Hilberseimer: Berlin plan, 1927).

图 9. 当今环境（希尔伯塞默：柏林平面，1927 年）

10. Explosion.

图 10. 爆发

11. Alienation.

图 11. 疏远

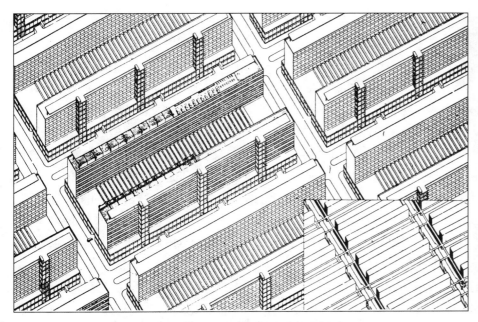

方面。原始人用相对扩散的符号来具化这种"合成"的环境，而这些符号是通过魔力和仪式来表达出来的。

其后的发展力图使定位和相应的符号系统专门化。科学逐渐净化了自身认识分析的态度，技术在这一基础上发展为一种实用的活动。而艺术和宗教则再也不去试图描述世界。如果没有这个专门化的过程，人们就无法面对更为复杂的环境。所以，这是发展过程中一个必需和构成整体的部分。然而，令人不那么满意的是，当今人们有关定位的知识只限于认知方面。我们认为，理解一切才是有价值的。[6]之前，人们试图通过具化来把握各种生活；而今天我们只接受"科学真理"。然而，这种真理也许与现有的价值相互冲突，也许会造成我们还不能足以对付的局面。我们因此把文化的部分认为是整体。

这种具有破坏性的认识源自某些根本性的误解，它们对后中世纪时代产生了某些决定性的影响。这些误解以"自由"的概念为中心。如果自由具有任何意义，它应当意味着"从众多质量中进行选择的自由"，这种自由在任何一个社会都是有限度的。而我们今天则总是更多地将自由认为是"选择形式的自由"。现代人将所有形式视为限制，这些形式包括人们交往、服装、语言、艺术或宗教的形式。

艺术家们也成为同种误解的牺牲品。他们并不想帮助人们去建立一个具有公共意义的世界，而是追求"自我表现"。然而，任何一种表现，只有当它超越了自我，才有可能表达真实的兴趣。

行为和艺术上的自由显然是为了平衡严格的科学逻辑和枯燥的实用技术主义，然而情况却很难令人满意。吉迪恩（Giedion）把这种状况定义为"思想和情感的分裂"。[7]现代思维将人们凝固在伪科学的形制之中，人们的情感再也不能通过共同的形式和符号进行交流。情感以个人和难以理解的迸发形式出现。现代人只能在准逻辑的基础上进行交流，文化营养的缺乏使人们没有东西可以交流。结果，我们开始感到自卑。在当代电影和文学中，人们表现可憎，缺乏道德，腐败堕落，这是对科学"真理"单方面美化的结果。人们通常用"忠实"来为自己的自卑感辩护，以达到"自由"和使世界"更美好"的目的。对此，我们只能发问：对什么忠实？对"人性"的忠实是毫无意义的定义，"对当代人忠实"同样在拥有30亿人口的世界中没有准确的意义。我们因此一直面对一些具有很大破坏特性的文化产品，它们使有关人为解体的人的

概念成为普遍现象。

上述讨论并不是要攻击思想和科学，也无意推出一种新的神秘主义。专门化的科学思维是必需的，有助于超越魔力和发散情绪。但是，让这种思维占据主导地位是危险的。我因此试图表明，尽管后中世纪时代在物质上取得了进步，但因为它把人们的基本方面交给了被误解了的"自由"，所以这个时代正在解体。非描述符号系统的分解破坏了文化的基础，导致了人们的混乱。

从这个角度，我们可以更为广泛地看到建筑中的倾向。由于对后中世纪世界概念的怀疑在不断地增长，许多建筑师不再满足于仅为人们的物质需要来提供效益上的答案。有趣的是，建筑中的新倾向早在第二次世界大战前就出现了，例如勒·柯布西耶和阿尔托（Aalto）的作品。因此，把大战看成是建筑中新倾向的动因，只看到了问题的表面。我们已经看到，新倾向的出现有着更为深刻的原因。建筑中的实际困惑总体上具有积极的意义，表达了一种要重新获得对"建筑"概念的更为完整的诠释。我们不再满足只使建筑产品关注功能，而是要使建筑"有意义"。[8]那么，"有意义的建筑"这词包含了什么呢？

作为艺术品，建筑物具化了更高

12. A world of things (Morandi).
图 12. 事物世界（莫兰迪）
13. Le Corbusier: Ronchamp.
图 13. 勒·柯布西耶：朗香教堂

等级的物体或"价值"。它从视觉上表现了那些对人具有意义的概念，因为这些概念为现实提供了秩序。只有通过这种秩序，只有认识到它们之间的相互依存关系，事物才是有意义的。这些概念也许是关于社会、思想、科学、哲学或宗教的。我们看到，早期的功能主义实际上超越了纯功能的意义，从而发展了一种象征逻辑科学世界观的空间概念，我们认为，早期功能主义表达且归属于这种概念。建筑中的新倾向表明，一种新的世界概念正在形成，这个概念就是建筑正在参与塑造形式。要想具体地描述它的内容，现在还为时过早，但就我目力所及，对艺术和科学作用进行全新和明确的定位，是它的一部分重要内容，而目前发挥准科学和准宗教双重作用的政治将会退居后台。那些由政治统治的国家，明显地缺乏生气，这是由于人受到了压迫，而且生活的表现形式也缺乏真正的营养。正在出现的世界概念，肯定会从后中世纪时代中吸取许多元素，首先是有关"开敞"和动态世界的概念。我们将不但难以体会到它与功能主义空间概念的决裂，而且可以来谈论多样化和人性化。

这个经过扩展的建筑概念，在目前最多被认为是对"环境质量"的不精确的需求。事实已经表明，功能主

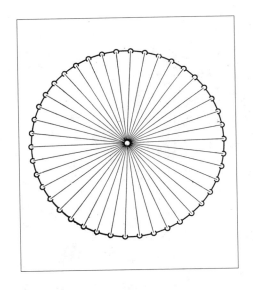

义的中性和同型空间，几乎没有为不同的生活内容提供可能性。有点让人吃惊的是，政治家和规划师已经认识到，人们在经过"完美"规划中的居住区中变得衰弱。人们或是渴望以往老城中的狭窄街道和形状不规则的广场，或是想要回到自然之中。这两种倾向很能说明产生于功能主义中的空间概念。为了更好地理解这一点，我们应当先来考察一下一些早期的空间观念。

众所周知，长期以来，空间的现象质量与同型和数学上的空间概念没有什么共同之处。亚里士多德（Aristotle）指出，在人们的经历中，不同的方向具有不同的质量，"上"与"下"是完全不同的，"往后"和

"向前"是不一样的。人们的所有活动都是向前的，而所走过的路程却留在了身后。人们用力向前或者后退，同时也会注意向上或向下。尽管意思没那么具体，E·克斯特纳（Erich Kästner）说得相当惊人："有人即使长期不相信天堂和地狱，但却很少会混淆'上'和'下'的意义。"[9]在我们谈论建造"空中城堡"或为事物提供基础时就更是这样。竖向轴线是一种象征，横向平面表现出伸展的可能性，因而表现了人类空间的基本属性。在此空间中，道路成作为根本的母题，通向目标之路，即生活"站点"之间的路。道路总是从已知指向未知，但人总要回到自己的归属之地；人们需要家来明确出发点和回归点。围绕家这个中心，世界被组织为道路系统，逐渐消失在远方。在历史上，通常所有的人都认为，自己的国家是世界的中心，而且人们往往也会给出这个中心的精确位置；希腊人的中心在德尔斐的奥姆法罗斯，古罗马人的世界中心在卡皮托利诺（Capitol）山丘上。对其他民族来说，一座圣山就能扮演这样的角色，或是以图腾杆来象征世界的轴线。我们知道，游牧民族总是带着这种图腾杆，世界的中心就在事情发生的地方。[10]

今天，我们也许不再承认原先与空间概念相关的那些宗教思想，但我们应当看到，除了同型的质量以外，人们心理上的空间仍然什么都包括。"中心"和"道路"这些词语所表达出来的基本结构仍然有意义。首先，家园仍然和我们所知悉且为我们提供安全感的价值联系在一起。"家园"、"市镇"和"国家"就是我们前面提到的"更高等级的物体"：社会联系和文化产品。当我们在国外旅行时，空间是"中性"的，也就是说，空间还未与欢乐和忧愁联系起来。只有当空间成为一个富有意义的地方系统时，它才具有活力。我想用歌德（Goethe）的话来表达这个意思："当你我所喜爱的田野，树林和沃土变成地方之前，它们在我看来只能是空间。"[11]

那么，这些与建筑有什么关系呢？如果我们所归属的地方具有意义仅仅是因为我们在那儿生活，那么这不意味着作为艺术的建筑是多余的吗？然而经历会使我们得出不同的看法。首先有必要承认，我们所居住的"地点环境"具有一种给定的结构。它包括了现有的"道路"系统，这些道路规定了我们"运动"的可能性。我们都知道这是什么意思。让我们来看看那些被分成东部和西部的城市，或是那些由河流分隔而使桥成为连接城市的"道路"。卡夫卡（Kafka）在他的作品

15. Karlsbridge, Prague.
图 15. 卡尔斯桥，布拉格

中有力地表现了后种情况中的现象质量，他描述了布拉格城中狭窄昏暗的街道和大型广场，尤其是从老城通往城堡的查尔斯大桥："人们步行在昏暗的桥上／经过带有微弱灯光的圣像。／云团在灰色的天空中运行／飘过教堂那逐渐消失在雾中的塔楼／有人斜倚着胸墙／注视黄昏笼罩下的河水／他把手搭在古老的石头上。"[12]

这首写于1903年的诗歌告诉我们，只有当环境为认同提供丰富的可能性时，环境才会成为一种有意义的氛围，即当作品中的道路引向"昏暗的桥梁"，经过"微弱的灯光"、"消失在雾中的塔楼"和"古老的石头"。人们的生活不可能在所有的地方都发生，因为生活要以一种真正的小世界即由具有意义的地方构成的体系为先决条件。

建筑师的任务就是要为地方提供这种形式，以适应必要的生活内容。这就像在设计住房时，建筑师要提供安全和宁静那样。"宁静的生活"这个思想仍然很有生命力，尽管功能主义试图把住房减缩到一组最小的尺寸。家庭主妇对厨房中台阶数目的调查就属于这种情况。不过，更为不足的是人们缺乏对卡夫卡诗中所表达的城市氛围的理解。今天的城市把诗人都赶跑了。产生这种状况的原因，是由于现代城市不能为生活提供足够的可能性。城市的街道和广场不再是为人而设计的，而只是成了单纯的交往工具，人们的"道路"在地面之下的地铁线中。现在是迫切需要重新获得城市场所的时候了。功能主义的空缺坐标体系应当被充实。然而，人本身是无法完成这个任务的，他需要形式来帮忙，也就是说，需要建筑和艺术品来产生具有特征的地方。今天，人们只能在自然中找到带有特征的环境，去感受广阔的平原、狭窄的山谷、严峻和欢快的地方。[13]

即使我们在将来可以保留一些纯粹的自然环境，但人们对自然那种精确细致的感受，并不能取代城市环境的空间特征与人们活动的相互联系。

如前所述，我们现在还很难具体描述现代建筑第二阶段的内容和形式。如果能够提出一些有关这一阶段总体属性的假设和相关的理由，我们就应该感到满意了。我已经说过，任何空间容纳生活的能力都是有限的。从某种意义上看，功能主义的中性坐标系统提供了所有的可能性，但却有待于生活去充实。它所象征的"开敞"世界是后中世纪时代中重要的概念之一。不过在今天，开敞有被误认为是空无的危险。只有把坐标系统与建筑理论和历史所倡导的多样空间结合起来，我们才有希望将开敞的世界转变为富有意义地方的开放体系。

显然，建筑已面临这个问题。勒·柯布西耶在他的晚期作品中，力图创造富有表现力的空间，还有最近城市规划中出现的"组团"结构都表明了要解决功能主义缺乏城市空间这个问题的愿望。

我们要想继续向前，就一定要改进我们的理论基础。今天，我们拥有高度发达的逻辑数学上的工具，但却不知道用这些工具来为哪些内容服务。如果与我们创造秩序没有关系的话，那么对分析和建立建筑秩序就帮助不大。我在《建筑中的意向》一书中首次试图表明包含在"建筑任务"[14]概念中的要素。我因此强调了在物质环境中补充象征环境的重要性，象征环境就是包含有意义形式的环境。作为一种艺术活动，建筑在单一"综合"形式中统一了不同种类的要素。作为一种综合活动，建筑在整体上适应生活的形式。只是在最近，有人试图通过将建筑减缩为单一的实用活动来特化建筑。

在一个偏重专门化的时期，人们很难理解和欣赏综合活动。然而，对于人类交往和文化发展来说，综合活动是必需和基本的。

场所概念

探讨城市设计和建筑的人们，近来特别关注"场所"的概念。[1] 在历史上，用稳定的场所例如住房，城市和国家这些词汇来描述人类环境是很有意义的。但在今天，我们却要与这些结构脱离，以过上一种更为动态的生活。通讯的技术手段使人们从与他人直接接触的状态下解脱出来，现代的运输工具能够运送不断增大的人群。有些人乐见这种发展，因为它不仅使多种社会交往成为可能，而且提供了更广范围的信息。[2] 结果，描绘未来的"动态"环境的乌托邦方案出现在建筑杂志中。不过有趣的是，这些方案尽管只从相对无个性特征的"巨型结构"来定义场所，但它们并没有真正从场所概念中解脱出来，例如 R·赫伦（Ron Herron）的《行走城市》（1964 年）。英国建筑电讯团的代言人 P·库克（Peter Cook）在其《建筑，行动，设计》一书中断言："建筑将成为无限的和短暂易变的"[3]，荷兰的乌托邦者 C·尼乌文赫伊斯（Constant Nieuwenhuis）以其幻想作品《新巴比伦》（1960—1964 年）而知名，他说："在新巴比伦，每一个人都总在旅行，从不感到有回到原初场所的必要，因为原初场所也会发生变化。结果，新巴比伦并没有确定的布局，恰恰相反，每一个元素处于一种不确定的运动

的和灵活的状态中。"[4] 然而，怎样才能把正在变化和不确定的东西放在一个固定的方案中呢？这是隐含在尼乌文赫伊斯作品中的一个矛盾，尽管这并不会否定作品的实际性。

这些方案的真正意图是要获得一种更为深刻和丰富的人文接触和交往。美国城市学家 M·韦伯（Milton Webber）因此说："城市的本质不是安置而是交往。"然而，与乌托邦者们正相反，还有一些人担心流动性会导致人们关系的瓦解。林奇认为，如果环境缺乏使人们易于辨认的结构，人们就会失去定位感。林奇因此肯定"良好的环境形象会为人们的情绪提供重要的安全感"，他还进一步说明了环境应当具有的属性，因为这些属性是产生"意象"[5] 的基本条件。

林奇的研究意味着对场所概念的回归，有趣的是，他的结论具有普遍的价值。我们因此知道，人们如果缺乏面对面的交流，就会产生精神上的不安，这个现象在大城市中越来越普遍。建筑理论家 C·亚历山大（Christopher Alexander）对此问题进行了若干研究，他认为"……作为城市生活特征的病态，精神变态与失常是人们缺乏面对面接触的结果。"[6] 为了改变这种状况，"相关的人们应当经常或是几乎每天都要见面。"当这种

见面变得随便和不定期时，就会出现精神上的不安。所以，乌托邦者们所主张的环境会导向自我中心，甚至会出现人格分裂的状况。亚历山大在其研究结尾设计了一种居住环境和"场所"，以使人们在私密居住环境之外，感受到一种公共的参与。

现代建筑中也出现了反对乌托邦分解的建筑方案。我们也许会想到波恩附近著名的海伦地产住宅区，一组由五人研究小组（Atelier 5）设计的精致住宅（1959—1961 年），或是圣约翰·威尔逊（Colin St. John Wilson）为利物浦设计的新的市中心方案，建筑师力图在方案中为城市找回失去的"心脏"。然而，这类方案被批评为"浪漫"或"享乐"的，因为它们表现了一种对通常理解的"建筑"的回归。显然，这种批评是当代对场所概念反感的结果。不过，去掉了场所，建筑也就同时不存在了。[7] 当今建筑师和规划师关于人们环境的争论，显然与以往数十年有关这方面的讨论很不相同。之前，一些细节遭到质疑，例如选择什么样的建筑"外观"和居住类型，而今天我们却涉及问题的根源：我们需要从环境中得到什么以使人们称自己为人类？[8] 我们需要没有建筑的流动世界，还是需要一个建筑形象清晰明确的场所？

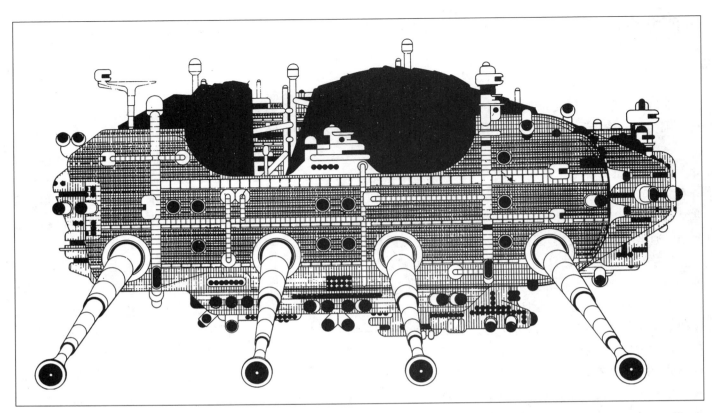

28

存在空间

在讨论环境时，人们通常是指经济、交通和地点。人只是偶尔被涉及。然而，难道人以及人在所归属的世界中的定位和认同，不应当成为讨论的主要内容吗？这个问题基本上是一个心理学的问题。

尽管心理学是一门年轻的科学，但它却可为人们提供一种有用的见识。我在此特指瑞士心理学家 J·皮亚杰（Jean Piaget）有关儿童发展的研究。他在统计学基础上所进行的观察，关注具体概念的形成，如太阳、月亮、水体、土壤的形成，同时也研究抽象观念的形成，如因果关系、时间和空间。[9] 皮亚杰以实例说明，如果没有一种与物体的情感联系，如果不在一定时空的条件下了解物体，人们就不可能获得对物体的任何认知。他说："一个物体是由视觉形象构成的体系，形象在整个空间中的变换，保持了恒定的形式，从而构成了一个在相关时间展现系列中可以被独立出来的物体。"[10] 换句话说，人们逐渐地形成了有关结构世界的形象，在此过程中，空间的概念即存在空间，是不可缺少的组成部分。在皮亚杰看来，认知的过程首先是一个"保存"的过程。

发现物体具有恒久性是一个基本的经历；而且当物体消失和重新出现时，结果总是"在相互衔接的移动形象中构建恒久的物体。"[11] 这表明，儿童学会了认识，即在相似系统的基础上创造一个世界，使某些事物与某些地方相互联系。实际上，儿童会自发地寻找曾经看见但现在又不在了的事物，并逐步学会了区分运动的物体和稳定的物体，并用后者作为对前者的参照。皮亚杰因此写道："只要儿童还没有在空间中去寻找消失的物体，即只要当他不再看到曾经存在的物体时，还没有成功地判断出消失物体在空间中的位置时，我们就不能谈论物体的保存。"[12]

场所的概念和环境作为场所体系概念的发展，因而是适应给定环境的必需条件。皮亚杰断定："……宇宙（世界）是由相互因果关系联系而成的恒久物体的集合体，它们处在客观的时空中而独立于主体。这个世界并不取决于个人的活动，而是恰恰相反，个人使自身形成一个有机体而成为整体的一部分。"[13]

儿童的世界显然是"以自我为中心"的。无论从肌肉运动或是视觉角度来看，它都不具备"掌握"环境的可能性。尽管边界是逐渐伸展的，结构却保持了中心的属性。当我要我12岁的儿子描述他的环境时，他答道，他要从自己的家开始谈论环境，"因为人们从那儿出走到其他所有的地方。"林奇的观察说明，成人的世界也是由中心和离心运动的可能性构成，它们产生了所谓的熟悉区域。在这些区域之间分布着广大的未知区域，就像我们个人地图上的白点。从定量的原因来看，它也应当是这样。

人们逐步建立了抽象的空间概念。它由普遍的关系构成，例如"在内部"、"在外部"、"在下面"、"在上面"、"在前面"、"在后面"，由更为具体的几何结构构成。尽管这些关系对我们定位和思考具有决定性的影响，但它们只是补充而不是取代存在的结构。

在谈到存在空间是"自我为中心"时，我们可以看到个人之间的差别。不过我已经指出，总体结构确实存在，对于所有的"个人空间"来说，它们是共同的。对这些结构最为著名的研究要数格式塔心理学了。研究表明，人们自发地根据某些"视觉"法则来组织自己的环境，这些法则是先验的，独立于具体的状况。[14] 皮亚杰进一步从几何的角度阐明了视觉的原则。格式塔法则表明，在"相似性"、"邻近性"、"连续性"和"围合性"的基础上，物体被认为是整体的。从总体上看，这意味着一种图形与背景的关系，视觉感知的"图形"总是会从结构比

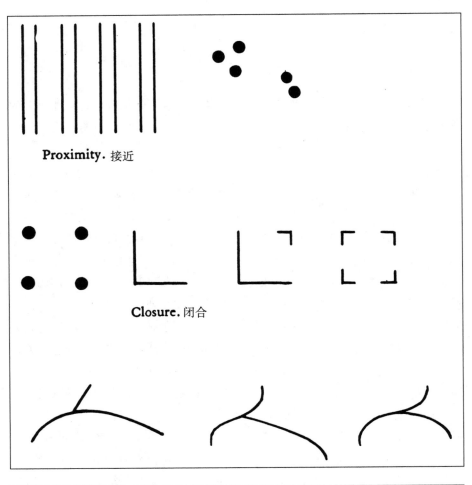

Proximity. 接近

Closure. 闭合

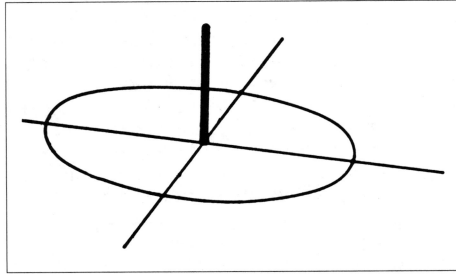

18. Gestalt laws.
图 18. 格式塔法则
19. "Existential space."
图 19. "存在空间"

较松散的"背景"中显现出来。

格式塔心理学描述抽象的"组织原则",而不是具体存在空间的结构,我们因此需要从几个基本方面来加以阐述。德国哲学家博尔诺(Otto Friedrich Bollnow)已经做了这方面的努力,他在《人和空间》一书中表明,空间概念和人们行动相联系。他写道:"空间是通过人的活动来征服的。"[15] 因此,德文中的"空间"(RAUM)这词是指在某一地方被称为安居地之前,使这一地方腾空出来的行动。"发生"(Take Place)这词很好地表达了这种情况。场所概念因此有双重含义:行为场所和出发点。它表述了什么是已知的,什么可以让人离开,去到一个更远的目标。只有当个人拥有了这样的点或点的系统,才能采取有意义的行动。这里我要提到阿基米德(Archimedes)说过的一句话:"给我一个支点,我就能撬动地球!"场所概念意味着人并不是在空间中随意运行的。从某种意义上看,所有的运动都是离心或向心的。我们的运行路线总是以出发点和到达点为前提的。这些参照使通道具有意义,我们因此可以使用诸如"之前"和"之后"这类词汇,以表明任何活动都基本上是在"进行中"。很多谚语表达了这种存在空间的基本属性,例如"正在十字路口"、"走在错道上"等。

总体上看，人们的运动产生了横向平面，规定了行为的可能性。这个平面有两重定界意义：一是地平线，二是紧邻的环境。在这两种情况中，个人都处在中心。然而，"存在空间"的存在独立于紧邻的状况，具有自己的秩序和稳定性。它或是被严格限定，或是会超出视平线。人的"状况"就处于存在空间和周围自我中心空间的张力之间。人的"社会"和"文化"空间也显然是这样。"在家里"和"在其他地方"这类词汇表现了这种张力。当我们周围的空间与存在空间的中心（或中心之一）重合时，我们就有在家的感觉。如果不重合，我们就还没有到家，即"正在路上"、"在其他地方"，或甚至"迷了路"。博尔诺因此说："出发和回归反映了空间中两种不同的区域，较小的内部区域和周围的外部区域。前者是住房和家庭的亲密世界，后者是外部世界，人们或从此出发或回归于此。这种区域的不同对于生活空间的结构具有重要的意义。"[16]

因此，人与给定环境的相互作用产生了场所、道路和构成个人存在的空间区域。尽管这种空间带有个人的主观"色彩"，但它对同属一个场所的人们来说却是共同的。人们从童年时起，就处在一种预先给定的环境中，人们需要不断地理解和适应这个环境。皮亚杰因此说道："……物质环境对智力发展的影响并不是一下子就完成的，也不是只作为单一的实体来完成的，而是通过在人在环境中的经历逐步实现的。"[17]

从上述的存在空间作为一个场所、道路和区域系统的讨论中，人们也许会有这样一个印象：人的环境是两维的。在某种意义上，这是对的；第三尺度与横向伸展有着根本的不同，正如"向上"和"向下"这类词汇所表述的那样。在上和在下总被认为是不同的，从另一种意义上看，很像是隐藏在个人视觉和智力区域后面的东西。事实上，竖向轴线在传统上被认为是空间的神圣尺度。[18]它表现了一条道路，把人们引向"高于"或"低于"日常生活的实在，这个实在或征服或屈从地球的引力。克斯特纳认为，拯救的概念通常与大山相关："每一次上升都表现了一种赎救。'在上'和'上升'这些词语包含了这种力量和能量。"[19]所以，存在空间不是各向同性的，因而与数学空间不同。

我之所以能够谈论存在空间的结构，是因为生活本身是具有结构的。可以认为，它就在于从一种状况到另一状况的运动中，一种连续不断且具有节奏和形式的运动。即使我们的最基本需求也具有节奏形制。再说，我们也是"天"、"年"、"年龄"这个循环等级系统的一部分。皮亚杰因而说过："生活本身就是形制的创造者"[20]我们所有的状况都以某种方式与"空间"相关，从上述讨论来看，我们可以认为，存在形制和存在空间之间的关系是一一对应的。我们还可以认为，生活在占据环境时，将自身解读为空间。这种情形的发生与通过定位和更有意义的认同活动是同时的。当一种行为发生时，出现行为的空间就变得富有意义。所发生的情况不仅参与了空间结构，而且与价值和意义的体系相互联结，从而获得特征和象征的意义。[21]

特别的行动因此与特别的地方相联系。在我们占据给定环境和创造新的空间时，也是这样。创造新空间就是要在给定环境中反映存在型制。R·施瓦茨（Rudolf Schwarz）说过："当人们把内部世界放在周围环境之中时，就把内部环境放在外部环境之中，使两者成为一体。"[22]这就意味着某些意图和给定状况之间的相互作用。不过，这种相互作用具有某种自由：人们不会完全受制于环境，而是可以根据视觉和用途的需要来创造环境。这并不意味着最终的存在空间有什么根本的不同。存在空间总是由具有不同特征的场所构成，总是由表现"张力"

的方式构成。存在空间也有已知和未知区域的不同，正如"内部"和"外部"这类词语所表明的那样，存在空间也有必要形成等级，因为生活发生在许多层次上，从具体感受到象征意义。

建筑空间

我用"存在空间"这词来表达环境的概念或形象。我同时也指出，环境的具体结构是形成形象的先决条件。如果环境结构不允许人们去发展一种令人满意的存在空间，人们自己就必须去改造环境。我们生活中总有这种情况：开关门窗，移动家具，打开电灯等。不过，个人对构成自身空间的更为综合的场所体系的影响是很小的。因为这个体系具有公共的特点，社会自身产生了一些专家如建筑师和规划师来关照这个体系。建筑师的任务是要"具化"或设计多少是共同的存在空间。[23]

在此，首先要弄清楚的是，自然的元素是如何满足人们的需要的，我们可以怎样进一步"发展"这些元素。居住场所的选择从来就不是随意的。对地方形成的研究已经成为一门科学，而地理学家对此作出了重大贡献。[24] 在此，我不想讨论那些经济和使用的因素，而只想从上述的心理学角度，来讨论自然空间是怎样成为存在空间的。"自然空间"一词本身已经说明了这一点：自然环境确实包含了可以被理解为场所的空间。我想再一次引述施瓦茨的话："我们谈论自然环境空间，把自然环境看成一座房屋：山脉是墙体，谷地底部是地面，河流是通路，沿岸是门槛，山脉低处是门口。"[25] 人们选择自然空间来定居，其历史成为与自然环境相互作用的历史，而自然环境从远古时代就被认为是最为重要的精神场所。

人造形式也是由自然环境的特征决定的。广阔的平原缺乏众多的参照点，围合空间因此产生，而定向的谷地则产生了线性形制。这些例子表明，自然空间还不足以具化人们的存在空间。即使是成组布置帐篷的游牧人群，也与场所相联系，因为他们总是在由地理条件限定的范围中流动。[26] 只有当人们占据了空间，规定了内部与外部的关系，我们才可以说，人们居住下来了。在《城市》一书中，圣埃克苏佩里（Saint-Exupéry）把人的特征描述为"能够居住下来"。[27]

内部和外部的区别在建筑中有着根本的重要性，现代建筑实际上通常被理解为一种"内部与外部空间的一种新关系。"围合和入口被用来区分内部和外部，从而在两者之间创造一种有意义的关系。然而围合体中的单

21. Monterriggioni.
图 21. 蒙特里镇

22. The Roman division into quarters.
图 22. 罗马人的四分区域

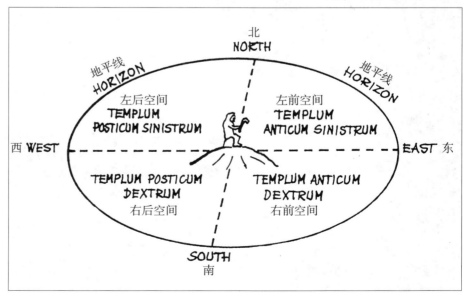

33

个开口并不考虑环境的一般结构，这种结构是由太阳的运行来决定的，这就是众所周知的"基本方向"。十字交叉很好地表现了这些方向点，成为我们所熟悉的一种最为古老的结构。施瓦茨写道："在建造城市时，人们建造相交的两条道路，把世界分成四个区域，然后把中心围合起来。"[28]

围合结构中的十字相交意味着这个地方是更大整体的一部分。建筑作品的特征因此是由其属性与周围关系来决定的。

内部和外部的相互作用也基于地方中的方向确立。这可以出现多种形式。我们已经看到，比较容易的做法就是开口。这种所谓的"指向元素"具有特别的意义，线条和面积从内部连续延伸到外部，或是延伸反向进行。[29] 这种元素在现代建筑运动一开始就出现了，以创造"流动"的转折。即使内部和外部的区别并没有完全消失，这种设计导致了空间的某种不确定性，其目的无疑是想表达新的"开敞"和动态的世界。然而在过去的若干年中，反对这种设计意图的呼声正在增多，因为人们不可能在没有界限的空间中获得"在家之感"。施瓦茨说："要想成为一个家，范围就必须小。安居须有适宜生活的尺度。"[30] 目前有各种对空间定义的新解释。例如，美

25. *Curved wall (Portoghesi, Casa Baldi).*
图 25. 曲形墙体（波托盖西，巴尔德住宅）

26. Grid and curve (Portoghesi: Design for extension of Parliament, Rome).

图 26. 网格和曲线（波托盖西，议会扩建设计，罗马）

27. Topological and geometrical order.

图 27. 拓扑和几何秩序

国建筑师 R·文丘里（Robert Venturi）试图有意地在内部和外部之间制造一种对比的矛盾。"由于内部不同于外部，墙体——即变化之处——成为一个建筑事件。建筑产生于内部和外部使用和空间的会合。这些内部和环境力量既是普遍的，又是个别的，既是一般的，又是特殊的。"[31]

当墙体为曲线时，文丘里所强调的墙体重要性就更加明显了。凹形墙面就像一面抛物镜那样积聚空间并产生一种浓缩，而凸面墙体则使空间离开，向外突出。凹面与凸面之间的关系所以在建筑中相当重要。波罗米尼是探索这种可能性的第一人，他用曲线来限定不同方向和密度的区域，因而创造出充满张力的"领域"。[32]研究波罗米尼的著名专家波托盖西，以一种新颖且迷人的方式运用曲线绝不是一个巧合，因为他用曲线来表明和确定新造型主义的流动空间。这在他设计的安德烈斯住宅中尤其明显，其中有五个在中心接受外部空间的同时，又产生了一种动态而连续的内部。设计方案表现了中心、道路和区域是如何被统一起来，形成复杂相关的整体。我们因此面临这样一个基本问题：建筑空间怎样才能被描述为一种复合情况发生的领域？

我已经提到，存在空间是分等级层次的，建筑空间也就应当具有相应的结构。存在空间中的不同区域与不同的活动相联系，而这些活动又以各种方式相互联系。只有在特别的情况下，这些活动才与早期功能主义的直角坐标系统相对应。而建筑空间则正相反，有方向和中心，集中与松弛。它具体化了存在空间；与此同时，它反

映了"功能的空间序列"。勒·柯布西耶和密斯早已懂得这些，他们发展了"自由布局"，其中用来限定空间的元素与承重结构分开。

然而，某些功能多少具有规则重复的特征决定了一种规则的网格空间。我们因此认为，建筑空间也许包含了许多不同的空间组织，它们相互并置甚至相互渗透。有时它们相互有别，但大多数情况下，它们构成了逐渐过渡或变化的一部分。

在新建筑中，常常可以看到这类情况。波托盖西设计的位于罗马的议会大厦就是一个结合格状和螺旋结构的例子。

在上述提到的实例中，总可以看到那些复合且与个人或集合性存在空间相对应的领域。我用了几何术语来描述这些领域。这似乎有点矛盾，因为我认为，几何结构只是存在空间的元素之一。我所以要强调，存在空间主要是一种拓扑空间结构。[33]

然而，出于适用和技术的需要，很多功能形制具有相似的几何组织。我已经多次表明，"基本的结构"来自空间和主要形式之间的不变关系。这个有关"原型"的问题需要讨论一下。任何格式塔形式接受"内容"的容量都是有限的。如果这种情况不存在，那么就不能以一种有意义的方式

表达自身。另外，这种容量在于对应物的建立。这种对应取决于从儿童时期就发展起来的人们意识。原型因此确实存在，只是我们应当把它们看成元素，而不是实在的整体。基本的结构不断地出现在新的组合之中，所以把它们视为真正的"真理"是危险的。在谈论场所、通路、区域时，我认为它们也许构成了具有各种特征的无数整体的部分。基本结构和时代整体之间的张力表明，生活，用吉迪恩的话来说，是"恒常和变化"。[34]

结语

我力图说明，人们的生活取决于"存在空间"即一种环境结构形象的建立，而这种形象又取决于环境的具体属性。这些属性使场所呈现等级层次，以让人们在其中定位。皮亚杰的研究表明，存在空间不能够被其他类型的关系（如社会、自然等）取代，即使这些关系在总体上也许更为重要。

显然，建筑空间也可包含可动元素，因为其等级结构包括了不同程度的"自由"。但作为一个整体，建筑空间是不可动的，因为集合和个人的存在空间无法产生于这种总体上的可动性。一个可动的世界缺乏与稳定场所相联系的类似重复元素，因而会阻碍人类的发展。皮亚杰的研究表明，

可动世界会将人们局限在自我中心的构架中，而具有结构和相对稳定的世界形象，则会解放智力——人们的理解和感觉的能力。一个可动的世界还会阻碍亚历山大所倡导的与他人"直接"且"有序"的接触，从而产生心灵上的紊乱。有关可动能力的乌托邦想法表达了除了现实以外的所有东西，表现了一种逃避症状，因为它们回避当前真实而具体的问题。追求可动性的愿望来自几个方面。从表面上看，它是对正统现代主义单调环境作出的反应，而在更深刻的意义上，它显示了失根状况即精神空虚，因为它意在用具体的运动和混乱的刺激来取代真正的认同。我们也许因此会想到泽德迈尔（Sedlmayr）精辟的研究论著《中心的失落》（Verlust der Mitte）。

为使我们称自己为人类，我们应当从环境中得到什么？我对场所概念的讨论表明，环境应当具有一种提供丰富认同可能性的"形象结构"。我已对"形象结构"一词的意思进行了解释，这里再加上几句。可动环境的倡导者们认为，这样一种结构会减少输入。然而，只有当"形象结构"等同于单调，这种看法才是对的。我必须强调，形象结构并不是一种约束物，会将人们带回早期功能主义"最少的信条"。形象结构因其复合的表达而

能提供丰富的认同可能性。从普遍的意义上看，这是任何一个伟大的艺术品都应有的属性，作品因自身的复合性而允许各种解读。而由混乱形式所产生的"各种解读"则正相反，只是自我的偶然表现，像肥皂泡那样的突然发作。在具有结构同时又有复合属性的建筑空间中，我看到了取代可动和解体空虚的方法。这种"多元的统一"肯定不是新的思想，但却在近些年来获得了新的实在意义。[35]

"住房"、"城市"和"国家"这些概念仍然是有意义的。它们赋予空间以结构，让我们成为世界的公民。如果不属于任何一个地方，一个人就不可能成为世界公民。世界的公民应当安居在整体之中，并且把自己居住的地方看作是构成更大整体的部分，同时，这个更大的整体也是人的存在空间的延续。个体对整体的贡献就在于对人所归属的场所的明确表现。

从普遍的意义上看，人的认同取决于具化存在空间的可能性。请让我引用圣埃克苏佩里的描述："我是城市的建设者。我留下了旅行的商队。风中只有一颗珍贵的种子。我顶着风将种子埋入土中，让雪松生长，显现上帝的荣耀。"[36]

海德格尔对建筑的思考

海德格尔并没有留下任何有关建筑的文章。然而，建筑在他的哲学中扮演了重要的角色。他关于存在于世的概念意含人造环境，在讨论"诗一般的居住"问题时，他明确提到了建造艺术。所以，对海德格尔有关建筑思想的研究，应当成为我们对他哲学解读的一部分。这样的研究也会使我们更好地理解当今复杂的环境问题。在"艺术作品的起源"一文中，他所引用的一个主要例子就是建筑，我们将以此作为讨论的出发点。海德格尔写道："作为建筑物，古希腊的神庙并不描绘什么。它只是简单地站立在裂岩的谷地之中。建筑物围合了神灵，在这种遮蔽中，神庙通过开敞的柱廊突显在圣地之中，神庙显现了神灵。这种显现的自身使场地成为圣所的延伸和界定。然而神庙和周围圣地并没有消失为一种不确定的状态。神庙的各个部分组合适当，同时又在其周围集聚了路径和关系的统一体。在这统一体中，生命与死亡，祈福与灾难，胜利与耻辱，坚持与放弃形成了人们命运的构架。这种对开敞环境关系的总体把握展现了这里历史上的人们世界。只有在这种把握之下，这个民族才能首先回归到实现其使命的道路上来。

"站立在那儿，神庙安放在岩基之上。这种安放展示了岩石的粗拙和支撑的神秘。站立在那儿，神庙稳住根基，经受住了来自上部的狂风暴雨，首次表现出风暴的凶猛。石头的光泽和闪烁尽管明显是太阳的恩赐，但却首次显示了白天的光亮，天空的宽广，夜晚的黑暗。神庙的坚定耸立显现了其周围的无形空间。作品的坚实与汹涌的激浪形成对比，自身的宁静产生了大海的狂怒。树和草，鹰和牛，蛇和虫首次显现其特征形状，以本真的面貌出现。希腊人将其称为出现和在自身和所有事物中的呈现。这也清楚地表明和揭示了人们在什么上面和什么之间居住的基础。我们把地面称作大地。大地这词的含义与出现在某一地点的块体和物质的概念没有关系，也与单纯的天文意义上的星球没有关系。大地是呈现复原和毫无损害地庇护所有呈现事物的地方。在事物呈现的地方，大地以一种庇护者的身份出现。"

"神庙站立在那儿，开辟了一个世界，同时也把这个世界安放在大地之上，大地只有这样才以原本的地面出现。然而，人们和动物，植物和事物从来没有以不可改变和熟悉的物体出现，只是偶然地表现为一种适合神庙的环境，从而为已经在那儿的增加了美好的一天。我们将更为接近事物的本真面貌，更加确切地说，如果我们反过来思考，开始用一种不同的眼光来看待所有眼前的事物。当然仅仅为了这种反向思考而进行反向思考，是揭示不出任何东西的。"

"站立在那儿的神庙，第一次展现了事物的面貌，展现了人对自己的看法。"[1]

这段话告诉我们什么？

我们先应当考虑上述段落的上下文关系。海德格尔提到了神庙，他想揭示艺术作品的属性。他特意选择了对一件"非再现类"的作品的描述。也就是说，艺术作品并不再现什么，而是呈现什么，它使某些事物呈现出来。海德格尔把这种某些事物定义为"真理"。[2]根据海德格尔的论述，建筑实例可以进一步看成是一件艺术品。作为一件艺术品，建筑物"保存了真理"。那么，什么被保存了而且是怎样保存的呢？上面引述的段落回答了这两个问题，不过我们还需要讨论海德格尔的其他著作，来进一步地理解这些问题。

我们问题中的"什么"包含了三种元素。首先，神庙使"神灵呈现出来"。其次，它把塑造"人类命运"的事物"恰当地组合在一起。"最后，神庙使大地上的所有事物"显现"出来：岩石，海洋，空气，植物，动物，甚至白天的光亮和夜晚的黑暗。总体上看，"神庙开辟了一个世界，同时又把它放回到大地之上。"神庙因此"把真理放在作品之中"。为理解所有这些，我们需

要来看看第二个问题，即"如何"。海德格尔四次提到：神庙的目的就是"站立在那儿。"站立和那儿这两个词都很重要。神庙不是站立在任何一个地方，而是在那儿，"在裂岩谷地之中。""裂岩谷地"谷地当然不是一种装饰，而是通过谷地表明，神庙被建造在一个特别令人注目的地方。通过建造，地方得以"延伸和界定"，形成了一个神灵的"圣洁地区"。换句话说，神庙把地点的一种隐含意义揭示出来了。关于建筑物是如何呈现人们命运的，海德格尔并没有明说，而是通过神庙同时为神灵的住所来实现的，也就是说，人们的命运与地点密切相关。最终，对"大地"的显现是通过神庙的站立来完成的。神庙立于地面，"耸向"天空。通过这些，神庙显现了事物的"面貌"。海德格尔也强调，神庙并不是那儿原有事物的"添加物"，而是建筑物第一次使事物以其本来面目出现。海德格尔认为，建筑将"真理""放置在作品之中"，这是一种全新的思想，这种思想甚至似乎令人费解。今天，我们已经习惯从表现和再现的角度来看待艺术，认为"人"和社会是艺术的起源。然而，海德格尔强调艺术作品"并不是要使人们知道这是某某的作品，而是要展开简单的'这种存在'。"[3]当世界展开，呈现事物"面貌"时，这个

事实就被揭示出来。"世界"和"事物"因此是互相依存的概念，我们应当思考这个概念，以更好地理解海德格尔的"理论"。

在"艺术作品的起源"一文中，海德格尔并没有作出任何真正的解释，他甚至评论道："在此，世界的属性只能被揭示出来。"然而，在《存在与时间》一书中，他从实体论的角

度上将世界定义为事物的整体，而从本体论的角度上看，世界就是这些事物的存在。从特别的意义上看，世界就是人们生活的地方。[4]在后来的文章中，他进一步将这个地方解读为大地、天空、凡人和神灵的"四重奏"。我们也许会再次感到困惑，因为我们已经习惯从物质、社会和文化结构的角度上来思考世界。显然，海德格尔

是要提醒我们，我们的日常生活世界是由具体的"事物"而不是科学的抽象构成的。他因此说："大地是服务的载体，它孕育了花朵，结出了果实，它在岩石和水体中伸展，在植物和动物中升起……天空是太阳运行的拱形轨道，也是月亮发生周期性变化的通路；天空中有漫游的星体，四季的变换，白天的日光和黄昏，夜晚的朦胧与闪烁，温和与严酷的气候，飘浮的云朵和湛蓝的天穹。"

"神性是神灵的召唤使者。从隐含的神性支配中，神灵以其原本的面貌出现，从而将自身排除在与呈现的存在物的比较之列。"

"凡人是指人类。之所以这样称呼是因为凡人终有一死。去死意味着有能力为死而死。"[5]

"四重元素的每一个都具有自身的本来面目，因为它'反射'了其他的元素。"它们一起归属于构成世界的"反射－表现"。[6]反射－表现可以理解为是一种"之间"的开敞，其中的事物以其本来的面目出现。在讨论黑贝尔（Hebel）的文章中，海德格尔确实谈到了人生存在于"大地和天空之间，生命和死亡之间，快乐与痛苦之间，作品和文学之间"，并将它们称为世界中的"多重不同的之间"。[7]我们可以看到，海德格尔所认为的世界是一个实在的

整体，正像对古希腊神庙讨论时所表明的那样。世界并不被认为是遥远思想的集合，而是呈现在此时此地。

然而作为事物的整体，世界并不只是物体的混合。当海德格尔把事物理解为四重元素的表现时，他复活了"事物"作为聚在一起和"集合"的原初意义。[8]海德格尔因此说："事物以一个世界来造访凡人。"[9]他也举例说明了事物的属性。一个水罐是一件事物，就像一座桥梁也是事物那样，它们以自身的方式集聚了四重元素。这两个例子都与我们的讨论有关。水罐构成了形成人们周围环境的那种"用具"的一部分，而桥梁则展示了更为广泛的环境属性的建筑物。海德格尔说："桥梁将大地集聚为水体周围的环境……。它并不是仅仅将已经存在的两岸连接起来。只有当桥梁跨越了水面，两岸才得以出现。"[10]桥梁因而使一个地方呈现出来，同时又使其中的元素以它们本来的面目出现。"大地"和"自然景观"两词不仅仅是指地形上的概念，而是指通过桥梁的集聚而展现出来的"事物"。人们的生活"发生"在大地之上，而桥梁则展现了这个事实。

海德格尔在例子中所要揭示的是事物的"事物性"，即它们所集聚的世界。《存在与时间》一书所运用的方法叫作"现象学"[11]，但后来，海德格尔

引入了"在－思考"这词来指明某种"本真的思想"，用以说明事物是一种集聚。

在这种思想中，语言起到了一种作为理解之源的重要作用。在海德格尔的"艺术作品的起源"一文中，还没有出现四重元素的概念，但在对希腊神庙的描述中，所有的元素都有了：神灵、凡人、大地和间接提到的天空。作为一个事物，神庙与所有这些元素相关，并使它们以本来的面目出现，同时把它们统一为"简洁单一的元素"。神庙是人造的，人们通过建造它来揭示一个世界。当然，自然事物也集聚四重元素，并需要对展示它们的物质属性进行解读。这种展示出现在诗歌中，出现在语言中，语言"在最基本的意义上就是诗歌"[12]，"人们对存在物的最初命名把存在物最先带到词语前，使存在物显示面貌。"[13]

这些引语表明，为了理解海德格尔的艺术理论，我们还应当考虑到他有关语言的论述。正如他并不认为艺术是一种再现那样，他也不能接受语言只是基于习惯和传统的交流工具。当事物最初被命名时，它们的本来面目就被认识了。在事物成为短暂现象之前，名称"保持"了它们，一个世界敞开了。语言因此是"原初的艺术"，展现了"正如历史已经铸就的人类状况。这就是人间大地，为了历史的人们，大地是

31. Bridge (Florence).
图 31. 桥梁（佛罗伦萨）

32. "The table is laid for many..."
图 32. "大桌已经放好……"

自身遮蔽的地面，人和所有事物都存于地面之上，尽管自身仍然是隐藏的。然而，正是这个世界，由于人与存在的去蔽状态的关系而得以盛行。"[14]

这段话很重要，因为它告诉我们，大地和世界正是人们原本的面貌，因为从普遍的意义上看，人们与大地和世界相关。语言保持了这个世界，但通常却被说成是一个世界。海德格尔相应地将语言定义为"存在的贮所"。人们"居住"在语言之中，也就是说，当人们倾听语言并作出反应时，人所存在的世界便敞开了，一种本真的存在成为可能。海德格尔称之为"诗一般的居住"[15]他因此说："然而，我们人类从哪里获得有关居住的诗意属性的信息？……（我们）从语言的诉说中（获得）。"当然，只有当我们尊重语言自身的属性，这种情形才会出现。[16]语言自身的属性是诗一般的，当我们富有诗意地运用语言时，也就打开了"存在物的住所"。

诗歌通过形象诉说，海德格尔认为，形象的属性就是使某物被看见。与之相对照的是，复印和模仿只是纯真形象的变体。……纯真形象使看不见的事物得以显现……。[17]在对特拉克尔的诗歌《一个冬天的夜晚》[18]的分析中，海德格尔优美地表现了这层含义。那么，什么是诗意形象的起源

呢？海德格尔给出了明确的答案："记忆是诗歌的起源"[19]在德文中，"记忆"一词（Gedachtnis）是指"被思考过的事物"。不过，我们应当从"在-思考"的意义上来理解思考，即从揭示"事物属性"或"存在物的存在"的意义上来理解思考。海德格尔指出，希腊人已经懂得记忆和诗歌的关系。在希腊人看来，记忆女神（Mnemosine）是诗歌的母亲，宙斯是诗歌的父亲。宙斯需要记忆来产生艺术：记忆女神自己是大地和天空的女儿，这意味着产生艺术的记忆是我们对大地和天空之间关系的理解。仅有大地或只是天空都无法产生艺术作品。记忆女神同时是人又是神，她的女儿因此被理解为整个世界的产物：大地，天空，人类，神灵。诗意的形象因而是真正的整体，与逻辑和科学的范畴很不相同。海德格尔说："只有具体的形象保持了想象力"，"而具体的形象又以诗歌为基础。"[20]换句话说，语言保留了记忆。

一首诗和一件艺术品的共同之处在于它们的形象质量。一件作品也是一个事物，而事物本身并不具有形象的质量。它具有集合的功能，以自身的方式反射四重元素，而其事物属性却是隐藏的，必须通过作品来揭示。[21]在"艺术品的起源"一文中，海德格尔通过梵·高的作品《农夫的鞋》，

表明了作品是怎样揭示了鞋子的事物属性。鞋子本身并不会说话，但艺术作品为它们说了话。梵·高的油画也许可称为"再现的形象"，但我们应当强调，艺术品的质量并不在于这种再现。其他艺术作品，特别是建筑作品，并不描绘什么，因此可以被理解为非再现的形象。什么是非再现的形象？为了回答这个问题，我们首先应当来讨论一下"人造事物"这词。

虽然诗歌是原初的艺术，但它揭示真理的功能却不会耗尽。在诗一般的语言中，真理被带入"文字之中"。不过，真理也应当被"放入作品之中"。从具体的角度来看，人的生活发生在大地和天空之间，而构成场所的事物应当在其给定的环境中被揭示出来。古希腊的神庙完成了这种揭示。海德格尔因此说人们居住在"作品和文字之间"。文字开启世界，作品呈现世界。在作品中，世界被带回到大地之上，成为某时某地的一部分，从而通过存在物被揭示出来。海德格尔实际上是强调了"保持与事物的关系是唯一的方法，从而在任何时候都使四重元素保持在四重元素之中……"[22]当人们以四重方式保持与事物的关系时，就会"救助大地，接受天空，等待神灵，开启凡间。"[23]"凡人照管和培育能够生长的事物，特地建造那些不会

生长的事物。"[24] 建筑物就是这类被建造的事物，它们集聚了一个世界，使人们居住下来。在讨论黑贝尔的文章中，海德格尔认为 :"建筑物将大地以居住环境的形式接近人们，同时又将相邻的住宅安置在广袤的天空之下。"[25] 这句话为解决建筑集聚的问题提供了启示。在海德格尔看来，建筑所集聚的是"居住环境"，居住环境显然是熟悉的环境即熟悉的事物。建筑物使这种环境与人接近[26]，换句话说，环境所存于真理之中的原初面貌被揭示出来。

然而，什么是居住环境呢？居住环境是人们生活发生的空间。因此，它不是一种数学和各向同性的空间，而是一个天地间的"生活空间"。在《存在与时间》一书中，海德格尔指出，"在世界中……，也就是在空间中"[27]，他还通过把"上部"比作"顶棚"，"下部"比作"地面"来解释这个空间的"具体"属性。他也提到日出，正午，日落和半夜，并把这些与"生命和死亡"的区域[28] 联系起来。所以，在他早期的巨著中，四重元素的概念就已经含蓄地表现出来。从普遍的意义上看，他

认为"空间性"是存在于世的一个属性。他对古希腊神庙的讨论，阐明了空间性的属性。建筑物限定了一个"地区"，或狭义地讲，一个空间，同时也通过"站在那儿"揭示了这个空间的属性。在"建筑，居住，思考"一文中，海德格尔把这个论点阐述得更为精确，他认为，建筑物是"地点"，而"地点接受并安排四重元素。"[29] "接受"和"安置"是空间性作为地点的两个方面。地点为四重元素提供了空间，同时又把四重元素揭示为人造事物。"空间"所以不是预先给定的，而是由地点提供的。"建筑物不是一个纯粹'空间'的单个实体"……"但因为它产生地点这样的事物，所以它比任何几何学和数学都更接近空间的属性，更接近'空间'属性的起源。"[30] 一个地点或"生活空间"在总体上被称为场所，建筑也许因此可以定义为场所的制作。

在后来一篇题为"艺术和空间"的文章中，海德格尔更为深入地讨论了空间性的两重性。[31] 首先，他指出，德文中的"空间"（Raum）一词，源自"räumen"，即"为人们的居住而腾出的场所。""空间开启了一个领域，将归属在一起的事物集聚起来。"[32] "我们必须学会理解，事物本身就是场所，它们并不是简单地属于场所。"[33] 其次，场所通过"人造形式"体现出来。这些体现构

成了场所的"特点"。[34] 人造形式所以"是构成场所的作品中存在真理的化身。"[35] 海德格尔的这些论点也许可以与他对"站立"、"安放"和"耸立"的神庙论述相关。一个建筑物的世界因此是由它在天地之间的具体形式决定的。总的来看，这与海德格尔关于建筑物使世界回到大地之上的观点相一致。回到大地之上意味着具体体现，或换句话说，从制作的角度来看，就是通过建造行动使四重元素成为一个事物。大地因而"保管"了开敞的世界。既开敞又同时保持可以被理解为海德格尔所说的"缝隙"的"冲突"。然而，冲突并不是像缝隙裂开的口子那样，而是那种对手归属在一起的亲密。"缝隙并没有使对手分开，而是把范围和边界的相互对立带入共有的轮廓之中。"[36]

所以，世界成了事物的范围，而大地作为有形之体则提供了边界。如果把这点与我们的讨论相联系，我们也许可以认为，一个场所是由其边界决定的。建筑在边界中体现了世界。海德格尔因此说："边界不是事物停止的地方，而是正如古希腊人所认识到的那样，边界是事物开始呈现的地方。"[37]

边界也可以被认为是起始点，具体表现了一种不同和转折。在对特拉克尔《一个冬天的夜晚》一诗的分析中，海德格尔指出，作为起始点的门槛包含了世界和事物的一致和不同。[38] 在建筑物中，门槛既分开又同时连接内外，即不熟悉的和习以为常的。它是"集聚中点"，在此世界得以敞开，并且立于大地之上。

边界和门槛是场所的构成元素。它们构成了揭示空间性的"图形"。在德语中，空间的属性通过语言本身优美地表达出来，"Riss"这词既表示缝隙，又表示平面布局。布局通过平面和立面被固定在场所中，空间的两重属性再一次明显表现出来。平面和立面共同构成了一种图形或格式塔。"格式塔是这样一种结构，布局在其形状中构成并表现了自身。"[39] 格式塔这词显然可以用"形象"一词来替代，这样我们就获得了理解建筑形象的重要线索。当形象构成"立面"时，形象就构成了事物，而不只是一个几何图形。作为站立在那儿的立面，建筑形象将布局"带回到厚重的石头上，带回到坚硬的木头上，带回到深暗的色彩上。"[40]

海德格尔对建筑艺术的思考就此停止。从某种意义上看，这个思考停留在建筑本身之外，因为它并没有如此来看待建筑的格式塔问题。实际上，海德格尔在"建筑，居住，思考"一文的开头写道："这种思考并不是发现建筑思想，更不用说是为建筑提供规则。"[41]

这段话清楚地表明，在海德格尔看来，艺术有其"专业"的问题，而他作为一位哲学家，觉得没有资格来讨论。他的目的不是提供任何解释，而是来帮助人们返回到本真的居住之中。尽管如此，他的思考无疑地为建筑领域奠定了基础，而且他的"在－思考"使我们在"通向建筑之路"[42] 上走得更远。

让我们以重复海德格尔对建筑思考的重要论述作为总结。出发点是这样一种思想，"放入建筑作品之中"的世界只能以其本来面目出现。对希腊神庙的描述表现了这个思想，神庙建筑"开启了一个世界"，"第一次给出了事物的面貌"。海德格尔在《存在与时间》一书中已经强调"从存在的意义上，语言与思想状态和理解具有同等重要的意义。"[43] 换句话说，把世界和语言分开考虑是不可能的，因为语言是"存在的住所"。语言命名事物，而事物"给人们带来了世界"，人们对世界的接触是通过倾听和回应语言来实现的。海德格尔因此引用了荷尔德林（Hölderlin）的隽语"然而，所留下的，是由诗人奠定的"，然而，为使世界即刻呈现出来，人们还必须把"真理体现在作品之中"。

建筑的主要目的因此是显现一个世界。建筑作为一个事物，使世界呈现出来，它所呈现的世界在于它所集聚的事物。诚然，一个建筑作品并不会

34. *"Buildings bring the inhabited landscape closer to man."*
图 34. "建筑物使可居环境更接近人们"

使整个世界呈现出来，而只能使它的某些方面显现出来。"空间性"的概念包括了这些方面。海德格尔明确地把空间性和数学意义上的"空间"区别开来。空间性是一个具体的术语，它命名构成"居住环境"事物的"领域"。[44]

事实上，对希腊神庙的描述始于"裂岩谷地"的形象，之后又与几个天地的具体元素相关。但它也意味着，"环境"不能独立于人的生活和神圣的事物。居住环境所以是四重元素的表现，通过"将它带近人们"的建筑物呈现出来。我们也可以说，"环境"命名了四重元素的空间性。这种空间性成为出现在天地"之间"的特别物，即场所。[45]

当我们说"生活发生（take place）了"，我们是指人的存在于世"反射了"天地之间的事物。人在这之间"存在"，站立，休息，行动。用海德格尔对希腊神庙描述的术语来说，构成之间世界的自然和人造事物，也站立，安放和耸立。它们因而具有反映人的思想状态的"特征"，同时它们也划定了人们的活动区域。所以，一个建筑作品通过"自身的站立"揭示了四重元素的空间性。站立在那儿，建筑让人们的生活发生在一个有岩石、植物、水体、空气、光明、黑暗、动物和人们的具体场所。[46]然而"站立在那儿"还意味着，站立应被理解为是一个具体的

物质形象。正是"石头的光泽和亮度表现出白天的光线，天空的宽广和夜晚的黑暗。"一个建筑作品因此不是空间的抽象组织，而是一个具体的格式塔，平面反射了承诺，立面反射了站立的方式。[47]它因而将居住环境带近人们，让人们诗一般地居住下来，这正是建筑的最终目的。

我们已经指出，海德格尔并没有进一步解释建筑格式塔或形象。不过，在对希腊神庙的讨论中，他间接地给出了它的属性。"延伸"、"界定"、"站立"、"安放"、"耸立"这些词语都是从空间的角度来指明存在于世的方式的。尽管可能性是无限的，形式总是表现为原型的本体。我们都知道其中的一些，例如"柱子"、"山墙"、"拱券"、"圆顶"、"塔楼"。正是语言命名了这些事物，证实了它们作为显现空间基本结构的形象类型的重要性。[48]但这超出了本文的讨论范围，进入了建筑理论的领地。

海德格尔对建筑的思考非常具有现实意义。在困惑和危机的时候，它可以帮助我们获得对建筑领域的本真理解。在两次世界大战之间，建筑实践是建立在"功能主义"概念之上的，其定义来自"形式服从功能"这一口号。[49]建筑答案因此应当从实际运用的"形制"中直接得到。在最近的几十年中，事情变得越来越清楚，这种

实用方法产生了一种图表式且缺乏特征的环境，无法满足人们居住的可能性。"建筑意义"的问题因此摆在我们面前。[50]从目前看，对该问题的研究主要是从符号学的角度，即建筑被理解为一种常规约定的"符号"系统。[51]由于把建筑形式认为是对"其他事物"的表现，符号学分析并不能解释建筑作品本身的属性。在此，海德格尔帮助我们了。他把建筑认为是显现真理的思想，恢复了建筑的艺术尺度和人们的意义。[52]通过"世界"、"事物"和"作品"这些概念，他带领我们走出了科学抽象的死胡同，回到了具体的实在，即回到"事物本身。"

然而这并不表明，问题已经解决。我们今天刚刚开始来解决这个问题。这在目前的建筑实践中很明显，功能主义正被抛弃，一种新的建筑形象正在出现。[53]海德格尔的思想能帮助我们理解目前的状况。他的思想显然是我们所需要的"方法"，以获得对事物本身更加全面的理解。在《建筑，居住，思考》一文中，海德格尔明确地指出"思考本身与建筑一样归属居住……建筑和思考以各自的方式与居住不可分割。"[54]换句话说，我们应当思考事物的事物性，从而获得世界的整体"视野"。通过这样一种思考，我们"把对建筑的度量当作居住的结构。"[55]

历 史

阿尔伯蒂的基本设计意图

与意大利其他城市相比，曼图亚具有一系列令人惊叹的反差鲜明的城市空间。狭窄的街道同时分开和连接了不同形状和尺寸的广场，这些广场由相互协调并存的中世纪、文艺复兴和巴洛克建筑围合而成。公爵宫殿的复杂组织再现了微型的城市结构。院落挨着院落，它们都有圣乔治城堡那种有力而明晰的体量。由于城市并没有预先设定的规划，而是在许多世纪中发展起来的，城市的多样性并不是由巴洛克轴线来组织的。然而，在意大利这样的国度里，出现这种多样而统一的形象并不令人感到奇怪。甚至在今天，人们所取得的成就也表现出高尚的品味。在不断变化的方式中，体现持续的普遍追求，表现对任何给定环境统一性的自发理解，除此之外，还有什么是高尚的品味呢？

在这种图画般的错综景象之上，圣安德烈亚教堂以其壮观的形象出现。教堂由广场围绕，彼此紧挨的住房精巧地出现在教堂区域之内。教堂内部宏大宽阔，简直就像一个封闭的广场，成为其所在环境的一种连续和一个焦点。[1]在城市机体中，教堂圆满完成了它的功能。教堂在几百年中保持了一种未完工状态，而且不少设计者并没有延续教堂最初的设计意图[2]，但这些并没有削弱教堂的这种功能。教堂外部，只有面对 A·曼特尼亚广场的主要立面是完整的。其余大约一百多米长的墙体仍然是一种粗陋的状态，被那些逐步挤占空间的住房遮住了。这种片段状态使得高高的巴洛克圆顶并没有以一种外来的添加物出现。[3]再来看教堂内部，十字耳堂和唱诗班空间是很久以后才建成的，穹顶自身的装饰和其下经过结构加固的壁柱，这些情况使得人们不能立刻清楚地感受到阿尔伯蒂最初设计的影响。人们也许会想，像圣安德烈亚教堂这样复杂的工程和结果，也许从艺术的角度上难以有值得称赞的地方。但是，这座教堂从一开始就在欧洲建筑中占有重要的地位。[4]

所以，我们有必要对教堂做进一步的分析。我们的出发点很明确，就是力图重现阿尔伯蒂的设计意图。我们并没有多少资料可以参照。教堂的图纸档案毁于 1848 年的大火，这事远远发生在任何对艺术感兴趣的人有可能扫一眼图纸之前。这些出自阿尔伯蒂之手且也许会传到我们手中的图纸已永远不为人知。在曼图亚的另一些案卷中，仍然可以看到一些关于教堂的信件。[5]例如，在 1472 年 4 月 27 日的信中，工程承包人 L·法内利（Luca Fancelli），因收到阿尔伯蒂的最后图纸而感谢冈萨加公爵（Lodovico Gonzaga）。我们还知道，当教堂在 1597 年重新开工时，温琴佐四世公爵（Vincenzo）建议，工程"应根据洛多维科（Lodovico）二世侯爵的原先设计"进行。还有一份文件有这样的记载：教堂实际上"是根据原有模式完成的。"最终在 1731 年的祭献中，我们知道有关托雷（Torre Bolognese）主持的 1697 年以后的巴洛克重建。托雷宣称，他的目标是要建造一高大的穹顶，而不是原先设计的"装点心的盒子"。[6]

所有这些都清楚地表明，教堂的平面和施工是根据阿尔伯蒂的图纸进行的。由于托雷的修改方案最终被取消，今天的教堂形象是根据最初的设计建造的，只有尤瓦拉（Juvarra）设计的高穹顶是个例外。我们怎么才能在建筑物的实际面貌中来证实这个结论呢？

圣安德烈亚教堂是一拉丁十字平面，只有一个中殿，耳堂和圆顶在十字交叉处形成集中布局。中殿和耳堂两侧都有小祈祷室，唱诗班空间有两个对称的圣器室，完成了平面布局，半圆形后殿为内部空间的结束。这样一种体系与阿尔伯蒂所熟悉的当时教堂的设计模式是相关的，但同时这个体系与那些模式有着某些根本的不同。[7]

伯鲁乃列斯基（Brunelleschi）在佛罗伦萨设计的两座著名教堂，圣洛伦佐和圣斯皮里托教堂（均为 1432 年后建），都是带有中殿和侧廊的巴西利卡式。虽然从整体上看，它们的形式与圣安德烈亚教堂一样，但体系却是不同的。在圣斯皮里托教堂中，侧廊也环绕整个拉丁十字布局，从而使这种空间具有一种同质性。唱诗班空间不再被分开，但十字交叉处的拱券却由大型壁柱勾画出来，产生了一种华盖在教堂柱子系统之间被"降低"的印象。从这个中心空间，人们可以看到教堂的整体，但此中心却是祭坛专用的，望道者是不可能到达此处的。[8] 伯鲁乃列斯基力图用同样的空间围绕教堂的中心。他把文艺复兴建筑的空间象征几何形体解读为围绕中心的相同三维单元的叠加。[9] 布局的模数是正方形，其尺寸决定了所有的构成部分。因此，圣斯皮里托教堂是一个"没有主要立面"的教堂，人们可以从外部看到一系列小祈祷室。[10]

阿尔伯蒂从自己最早的作品开始，就离开了这些原则。1450 年，他在里米尼城，把圣弗兰西斯科教堂设计成一拉丁十字，其正立面是由与万神庙设计相像的唱诗班空间决定的。[11] 在伯鲁乃列斯基追求彻底的集中布局时，阿尔伯蒂只是把这种想法作为追

36. *Sant'Andrea, interior.*
图 36. 圣安德烈亚教堂，内部

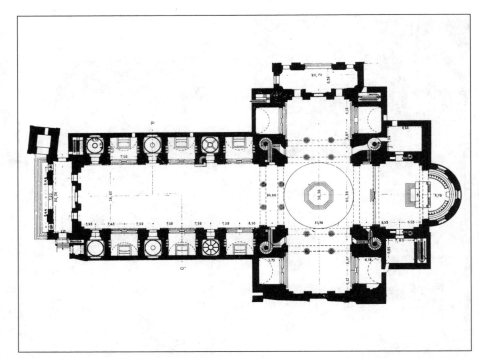

求新思维方式的一个出发点。在曼图亚的圣塞巴斯提阿诺（1460 年）和圣安德烈亚这两座教堂设计中，他明确表现了拉丁十字和集中布局的融合。前者为方形平面，含一希腊十字，门厅位于集中布局的一边，明确给出了空间的方向。在后一教堂中，我们看到了渴望已久的综合。阿尔伯蒂不像伯鲁乃列斯基那样"抛弃"拉丁十字平面，而是通过十字的三个臂膀的入口设计，终端的唱诗班空间和后殿的处理，使布局和空间得到了完满的表现。中殿上部的连续筒形拱顶突出了十字布局。作为拉丁十字教堂中最神圣的地方，祭坛被放到后殿之中。[12]其中的圆顶空间并不是一个独立的华盖，作用与伯鲁乃列斯基设计的教堂圆顶不同。对伯鲁乃列斯基这位佛罗伦萨的建筑师来说，空间从祭坛伸向四周，围绕基督象征物而布局，从而将虔诚的信徒集聚在祭坛周围；而阿尔伯蒂则认为空间是通向祭坛的神圣通道（via sacra），而把作为天体完美象征的圆顶作为空间的一个对应点。[13]

我们有足够的理由相信，圣安德烈亚教堂的布局设计者就是阿尔伯蒂。教堂中的基本元素与他自己在《建筑十书》（De re aedificatoria）中所设定的原则对应。在这座教堂中，后殿，沿中殿两侧交替出现的正方和圆形小

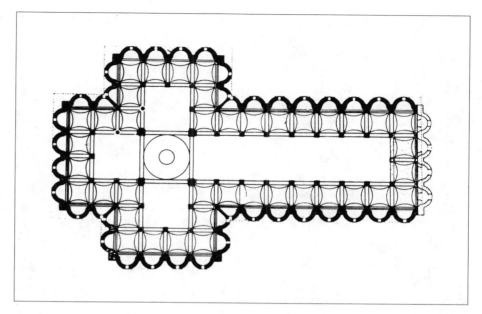

38. Brunelleschi: Santo Spirito, Florence, design and
reconstruction (Sanpaolesi).
图 38. 伯鲁乃列斯基：圣斯皮里托教堂，佛
罗伦萨，设计和复原图（圣保莱西）

祈祷室，以及连续的筒形拱顶成为令人注目的元素；后殿的宽度是教堂宽度的一半，而耳堂的宽度则两倍于此，为教堂总长的 5/9。[14]

然而，在此有必要指出，这些比例尺寸也适用于巴西利卡，不过，阿尔伯蒂的设计明确区分了庙宇和巴西利卡的不同功能。他同时也很可能在后期的作品中，以更加自由的眼光来看待这种不同功能的界限，圣安德烈亚教堂就是一个明显的例子。[15] 空间围绕圆顶而呈集中布局肯定了一个事实：1597 年的教堂建设是根据阿尔伯蒂的设计进行的。否则，这时的设计就会出现不同的形式。[16]

室内空间的比例清楚地显示出阿尔伯蒂与伯鲁乃列斯基在设计上的不同。耳堂空间并不是简单的正方形，而是设计的有宽有窄，墙体由一系列的壁柱分开，壁柱的位置又是根据简单且相互关联的数字关系来决定的。壁柱之间有大小两种间隔，小间隔是大间隔的一半（在中殿的间隔墙体上，这种比例为 2 : 3）。这种设计产生了一种由宽窄间隔交替出现的节奏序列，它不同于伯鲁乃列斯基用同种形式叠加的设计手法。只有在后殿，壁柱之间的间隔才是相等的。这种 1 : 1 的关系是最为简单和谐的，之所以出现在教堂中最神圣之处，并不是完全

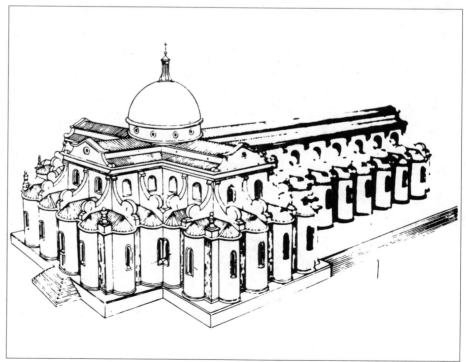

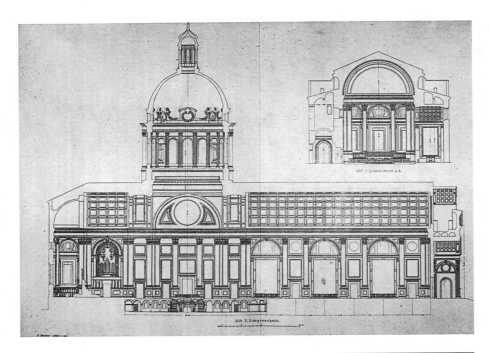

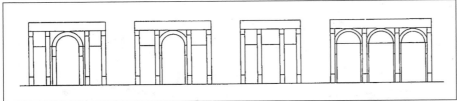

出于偶然。[17] 通过在空间中重复相同的设计母题，教堂获得了形式的统一，同时又通过母题在比例上的变化，形成了不同空间的独自区域。

从外部到内部的转折是通过三个门厅（只建成了两个）来实现的。这种设计是为了使教堂具有一种自由的城市环境[18]，正如阿尔伯蒂在《建筑十书》中所说的那样。有了这一点，我们很难想象他不去刻意保留那座中世纪的钟塔。教堂不仅钟塔呈一斜角，而且教堂的门厅也以一种完全随意的方式与钟塔相接。从钟塔可以看出，教堂入口敞厅的宽度窄于教堂本身的宽度。[19] 如果当时确有钟塔保护条例的话，我们就会感到奇怪，建筑师没能避免全新的教堂设计与钟塔的直接碰撞。在《建筑十书》中，阿尔伯蒂很明确地指出，"入口"的宽度应是教堂长度的 2.5/12，即入口应当比中殿宽出 1/24。[20] 教堂的实际结构与这些规定完全吻合。我们因此有理由推断，那种钟塔应当撤除，因为它限制了教堂敞厅的宽度的理论是站不住脚的。

入口敞厅的立面通常被称为"正立面"。[21] 就我们所知，至今还没有人注意到正立面无疑地属于教堂前部的入口敞厅这个事实。还没有人寻找过教堂的正立面，也没有这样来看待入口。注意到这点确实不容易，因为教

43. Sant'Andrea, detail of façade.
图 43. 圣安德烈亚教堂，立面细部

44. Sant'Andrea, reconstruction of Alberti's façade (Norberg-Schulz).
图 44. 圣安德烈亚教堂，阿尔伯蒂立面设计复原（诺伯格 – 舒尔茨）

45. Sant'Andrea, axonometric projection.
图 45. 圣安德烈亚教堂，轴测剖面图

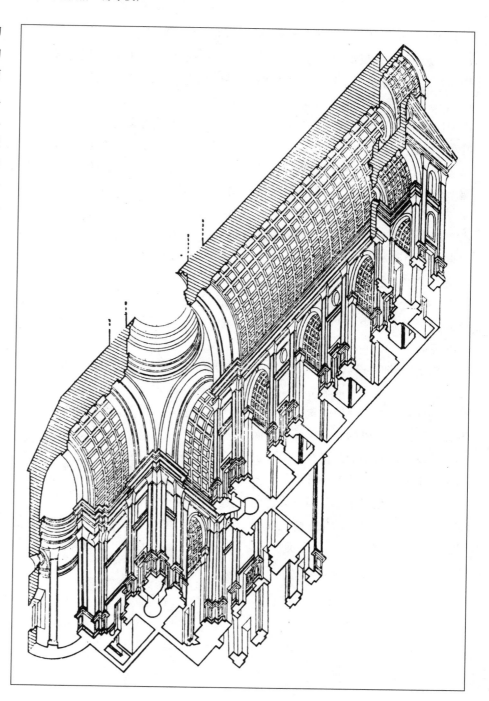

堂周围的住房形成了教堂入口敞厅的环境构架，造成了一种完整正立面的印象。人们并不清楚这个完整正立面和其后面的教堂的不同。[22] 然而，人们似乎更加关注的是未完成的北部入口门厅。此入口立面上的卷涡饰和壁柱相当明显，人们可以看到，教堂的立面处理与阿尔伯蒂在 1546 年设计的圣玛利亚教堂立面十分相像。圣玛利亚教堂的立面设计是一种典型的设计，以解决古典元素与巴西利卡统一的问题。如果建筑师在圣安德烈亚教堂不遵守这个原则倒是非常奇怪的。[23] 在圣塞巴斯蒂亚诺教堂的立面设计中，他采用了简单的神庙前部，但在圣安德烈亚教堂中情况很不一样，因为他要为集中布局的教堂设计立面。[24] 实际上，圣安德烈亚教堂结合了两种立面，就像教堂本身是巴西利卡和集中布局的综合那样。入口敞厅采用了相同的内部构造元素，从而与内部建立了直接的联系。壁柱的尺寸相同，产生了富有节奏的跨度，中部宽大开间的拱门是两侧拱门宽度的三倍，使得阿尔伯蒂的理想比例（1：1，1：2，1：3，2：3）以同一主题的变体形式出现。[25]

敞厅源自一种古代的建筑象征。从很早起，它就是建筑中的一个非常重要的元素，因为它使人们得以进入神灵和神性皇帝的住所。其重要性通常由象征神性智慧源泉的圣殿和奢华的建筑构件来强调。[26] 凯旋门与到达仪式相联系，其拱门如同天国之拱，迎接以"天国君主"身份出现的胜利者。[27]

后来，这种象征被用到基督教教堂上，被称为天堂之门。[28] 在圣安德烈亚教堂中，阿尔伯蒂将敞厅与凯旋门和神庙的立面结合起来。这种设计出自阿尔伯蒂这样一位艺术家手中绝不是偶然的，它表现了对历史的浓厚兴趣。在这一点上，值得强调的是，意大利北部确实有一种被称为高廊的地方传统。

总之，我们可以肯定，圣安德烈亚教堂的平面布局的基本特征是阿尔伯蒂设计的。除了圆顶，支撑圆顶的壁柱，和尚未完成的立面以外（立面本应比现在所看到的更富有装饰性），建筑物本身反映了他的设计意图。圣安德烈亚教堂是阿尔伯蒂设计思想的完整综合。这些思想体现在纵向布局（巴西利卡）和集中布局（完美形式）逻辑结合的体系中。

同时，阿尔伯蒂根据自己有关和谐的理论，使建筑物的所有部分都统一在互成比例的整体中。

由于运用了文艺复兴的"叠加"原理，入口门厅是一个独立的部分，而不是中殿的延续，就像小祈祷室是单个的空间那样。叠加的组织是有节奏的，比伯鲁乃列斯基的设计方法更为高级。不过，我们还没能看到巴洛克空间的那种融合，而只是一种数字上的"多元统一体"，人们可以根据相似母题的重复来觉察到。[29] 比例系统需要人们能同时看到尺寸之间的相互关系，需要以"同质空间"的概念为出发点。[30] 伯鲁乃列斯基在这方面的贡献对阿尔伯蒂很有帮助，使他能够将文艺复兴的语言变为一种灵活而丰富的工具。

圣安德烈亚教堂对后代产生了重大的影响。[31] 伯拉孟特（Bramante）在 1482 年设计圣萨蒂罗的圣玛利亚教堂时，就从圣斯皮里托和圣安德烈亚教堂获得了灵感，在设计帕维亚主教堂时也是如此，在设计罗马圣彼得大教堂时更是这样，他使纵向式的集中布局教堂出现了一种前所未有的节奏统一和丰富。帕拉第奥（Palladio）也从阿尔伯蒂的作品中吸取了灵感，用"古典"的手法来设计教堂的主立面。与圣安德烈亚的分层设计不同的是，帕拉第奥将立面设计为两个叠加的体系：主要中殿采用了神庙立面，而侧廊的立面则用次一等级的柱式构成。[32]

今天的圣安德烈亚教堂并不能清楚地表明阿尔伯蒂的设计意图。然而我们却不难想象，教堂原本应有的形象，完全由宽大的广场围绕，其巨型立面在环境的三面中占据了主导地位，在奔忙的城市中成为一种真正的天堂之门。也许对我们来说，今天那高出屋面的尚未完工的巨大体量看起来更令人满意，因为这更好地呼应了城市的永恒变化，而不是留下对过去某一时代的精确记录。

波罗米尼和波希米亚的巴洛克

波罗米尼对中欧巴洛克建筑发展的重要影响是众所周知的。[1]他对波希米亚的特别影响也常被提及。瓜里尼在这方面的贡献也常被提到，但人们却从来没有把他的贡献与波罗米尼的贡献明确区分开来。[2]同样，人们也不清楚，为什么波希米亚对这些影响的态度，比任何一个国家都开放和易于接受。回答这些问题，不仅可以理解中欧的巴洛克建筑，而且可以了解波罗米尼建筑的特征。

从伯鲁乃列斯基到波罗米尼，古典柱式一直就是建筑中的基本元素。古典建筑是一种拟人化的建筑，柱子决定了建筑物的特征。显然，选择并不是任意的，而是由相应固定的建筑类型和某些几何布局来控制的。因为这些，韦尔夫林（Wölfflin）可以从主要立面的细部设计来分析从文艺复兴到巴洛克的发展。[3]在16世纪时，当社会需要一种更为多样的表现范围时，通常的设计手法就是运用更为丰富的"和谐组合"：柱子的加倍，更大的尺度，重复和强调的运动等。伯尔尼尼（Bernini）为圣彼得广场设计的柱廊是古典建筑概念最后也是最辉煌的表现。

正是由于波罗米尼打破了这个传统，他被同时期人认为是"放肆"的艺术家。[4]他没有把古典母题作为构成元素来设计，而是把它们设计为赋予特征的元素，以表现一种"预先"给定的整体。这样一来，他革新了建筑形式的概念，因为古典元素出现在一种新的建筑背景中，所以对常人来说形式是"怪异"的。今天要理解这种评论并不那么容易。在我们看来，波罗米尼的建筑看上去比他当时的许多建筑作品更为简洁和逻辑，我们欣赏他对材料运用的控制。吉迪恩甚至认为，波罗米尼是我们时代建筑的先驱。[5]显然，波罗米尼比他同时期人更感受到对一种深刻变革的需要。这个变革包含了什么？

总体来看，我们可以认为，波罗米尼引入了空间作为建筑构成元素的概念，而不是文艺复兴那种抽象几何体系的空间，也不是伯尔尼尼的简单三维体量的空间。在波罗米尼的作品中，空间是一复合的整体，是一个预先给定且有待创造的一个不可分割的"实体"。这位艺术家尽一切可能来突出这种质量，特别是通过去处转角，来使墙体成为流动的整体。波形表面的效果在他的建筑中具有特别的意义，泽德迈尔和后来的吉迪恩都用这个事实，来指出其与某些现代建筑原则的关系。[6]

波罗米尼不仅在水平方向融合了空间，而且也从竖向设计上追求同样的不可分割的形式。圣伊佛教堂的设计就最令人信服，平面上的特征轮廓线也同样出现在圆顶形式上。这个设计比其他任何一个作品都更能表现出波罗米尼设计的原创性。当其他建筑师用某些细部设计如断开的檐座来追求一种竖向连贯性时，波罗米尼则在形式自身中创造了连续性。在另外一些设计中，例如玛基小教堂，他试图通过拱顶的交叉拱肋系统来延续竖向直线，以融合空间，很有哥特教堂的特征。他对立体造型的处理同样表达了对融合空间的追求。他认为这种形式是一个不可分割的实体，连续围合的外部墙体以某种方式呼应了内部的平面布局。细部融合在一起，构成了一种新的综合，例如，在菲利皮尼的小礼拜堂的主立面上，从檐口到卷涡饰为连续的过渡。细部因而是根据完整的形式和空间整体的需要来设计的。

这种连续性创造了新型的比例关系，摈弃了传统的拟人化参照系统。伯尔尼尼因此将波罗米尼的作品定义为"幻想物"也许是对的[7]，因为波罗米尼对形式的综合与一种心理上的综合相对应，而这种综合又把传统上不同的元素统一在一起。在此，波罗米尼的想法也是我们自己时代现象的先兆，例如相对性和超现实主义。

然而，波罗米尼在一个方面却十分小心：他的作品的空间组成仍然是叠加的，因而是相对传统的。在这方

46. Borromini: Sant'Andrea delle Fratte, Rome.
图 46. 波罗米尼：福拉特圣安德烈亚教堂，罗马

47. Borromini: Oratorio dei Filippini, Rome.
图 47. 波罗米尼：菲利皮尼祈祷堂，罗马

面，瓜里尼的贡献具有特别重要的意义，其贡献构成了中欧后巴洛克发展的基础。波托盖西曾正确地将瓜里尼的方法定义为"空间单元的并置"。[8]瓜里尼的建筑是以独立的空间元素的几何体系为基础的。这种体系可以通过"连续"（如在阿尔图庭的圣玛利亚教堂）或"集中的组合"（如圣洛伦佐教堂）来实现。空间单元的几何组合需要外部和内部的特别配合。单元是真正的构成元素，它控制墙体根据这些单元的组织而发展，限定它们的边界。如果外部环境允许，建筑就会围绕空间成形，就像包裹物那样表现出内部的运动。人们因此可以谈论外部和内部的相互补充关系。然而，瓜里尼的建筑因缺乏心理上的内容而比波罗米尼的要抽象得多，我们可以从那些更为任性的细部处理中看到这一点。

当意大利的巴洛克建筑开始向中欧慢慢传播时，建筑遇到了必须吸收和消化的地方传统。这个传统在后期哥特厅式教堂中表现得最明显，其中有内部的"壁柱"和网状拱肋的拱顶。迪林根的耶稣会教堂（Hans Alberthal，1610 年），明显地表现出把这种类型与古典风格相结合的努力。所谓的福拉尔贝格（Voralberg）学派进一步发展了这种努力，创造了巴洛克壁柱大厅。[9]由于檐座的连续

63

48. *Borromini: Oratorio, detail of corner.*
图 48. 祈祷堂，转角细部

49. *Borromini: San Carlo alle Quattro Fontane (cloister), Rome.*
图 49. 波罗米尼：四泉圣卡罗教堂，罗马

性出现中断，主要的体系在此被减缩为单独壁柱的序列。墙体作为中性的填充表面被插入在壁柱之间。这种设计为空间组织提供了众多的可能性，然而福拉尔贝格学派并没有超越相对的传统布局来追求空间的组织形式，他们对立体形式的处理也没能反映出波罗米尼对空间一体的追求。后来，这个问题由于波罗米尼和瓜里尼设计思想的引入而得以解决，两种传统形式被融合在一起。波罗米尼的整体形式和地方设计手法因此结合起来，瓜里尼空间组织的方法为发展哥特壁柱体系内在的可能性做好了准备。

在奥地利，两种传统的结合没有那么紧迫，因为居于主导地位的需要就是创造"帝国式"艺术。然而，在上述的传统中，教堂是建筑的主要任务，人们期望它能将所需要的反改革精神力量体现在传统和"罗马"元素的综合中。波罗米尼和瓜里尼的宗教建筑因而被采纳了。波希米亚是出现这种情况的一个最重要的地区。正是在这里，出现了 30 年战争，正是在这里，天主教终于第一次受到了偏爱。这里的中世纪传统要比其他地方的要激进一些，在民族历史中，斯拉夫、日耳曼和拉丁文化对强化这种传统起到了相应的作用。这就是为什么波罗米尼的综合风格很快在波希米亚被吸

51. *Borromini: Chapel of the Re Magi, Rome.*
图 51. 波罗米尼：三王小教堂，罗马

52. *Borromini: Santa Maria dei Sette Dolori, Rome.*
图 52. 波罗米尼：圣玛丽亚七哀教堂，罗马

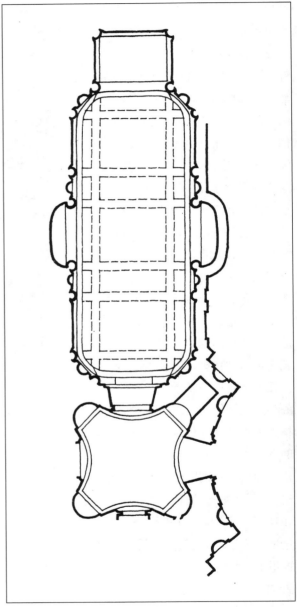

53. Guarini: San Lorenzo, Turin.
图 53. 瓜里尼：圣洛伦佐教堂，都灵

54. "Complementarity". Guarini: San Gaetano (design), Vicenza.
图 54. 瓜里尼："互补"，圣加埃塔诺教堂（方案），维琴察

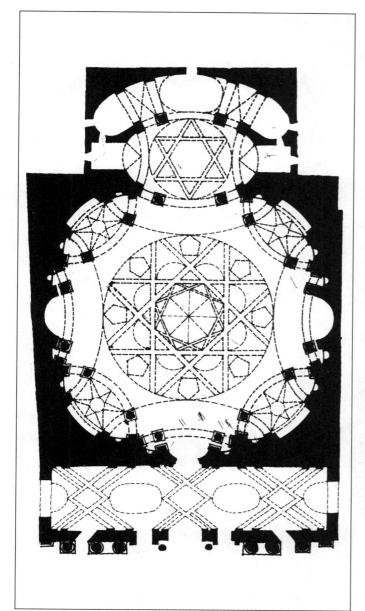

55. Church with wall pillars. Alberthal: Jesuit church,
Dillingen.
图 55. 壁柱墙体，阿尔贝塔尔：耶稣教堂，
迪林根

收的原因。[10]

　　吸收波罗米尼和瓜里尼的建筑风格与丁岑霍费尔（Dientzenhoffer）这个名字联系在一起。[11] 当埃拉赫（Fischerl von Erlack）在创造"帝国风格"的奥地利艺术之时，G&C·丁岑霍费尔开始在弗兰科尼亚和波希米亚开始发展一种很有创意的宗教建筑。第一个重要的实例是靠近瓦尔德萨森的教堂中的圣坛（1685—1689）。[12] 平面呈苜蓿叶形，空间顶部由相交的筒形拱覆盖。这里真正的华盖系统还没有发展起来。不过在 1700 年左右，丁岑霍费尔为斯米日采城的小教堂设计了这种体系。其平面显然受到瓜里尼的圣洛伦佐教堂的影响。丁岑霍费尔还在当时在奥伯里斯特的教堂设计中吸取了瓜里尼的都灵主教堂的设计，也许丁岑霍费尔在 1690 年去马赛的旅途中看到过这两座教堂。[13] 斯米日采小教堂是第一座真正综合了中欧的墙体壁柱体系，波罗米尼的整体形式和瓜里尼的空间组合的教堂。教堂的主要空间为一带有凸形曲面墙体的八边形。八边形在侧边与次一等级的椭圆形空间相对应，在横向轴线上与中性的曲面墙体对应，在对角线方向与所有的壁龛空间对应。墙体在水平方向上呈现凹 – 凸 – 凹的空间构图节奏，这是第一座被 G·弗朗茨（Gerhard Franz）称为"缩减的集

68

56. *C. Dientzenhofer: Smiřice chapel.*
图 56. C·丁岑霍费尔，斯米日采教堂

57. *C. Dientzenhofer: Smiřice chapel.*
图 57. C·丁岑霍费尔，斯米日采教堂

58. *C. Dientzenhofer: Smiřice chapel, plan.*
图 58. C·丁岑霍费尔，斯米日采教堂平面

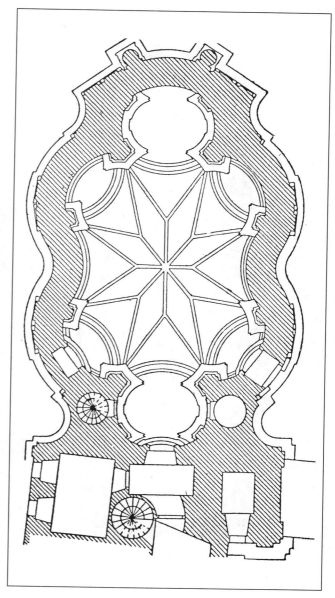

59. C. Dientzenhofer: Saint Margaret, Břevnov-Prague.
图 59. C·丁岑霍费尔，圣玛格丽特教堂，
布拉格布雷夫诺夫

60. C. Dientzenhofer: Saint Margaret, Břevnov-Prague.
图 60. C·丁岑霍费尔，圣玛格丽特教堂，
布拉格布雷夫诺夫

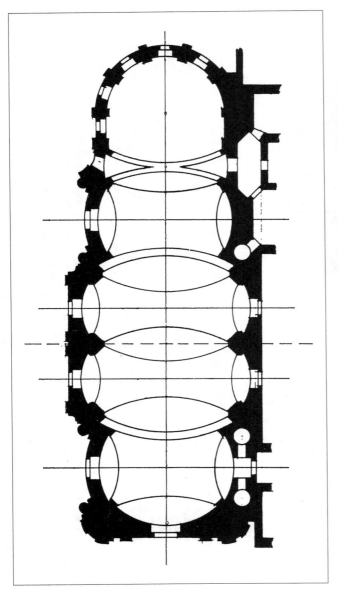

中空间"的教堂。[14]墙体壁柱体系的引入使"缩减"成为可能，因为墙体只是作为填充材料可以任意添加和去除，从而使机体具有"开敞"的质量，创造性地发展了瓜里尼的设计思想。

教堂的外部面貌呈现为由一连续波形墙体所包围的双轴线机体。带有曲线檐口的"神龛"给出了主要轴线。从整体上看，形式是由空间组织所产生的。斯米日采教堂具有罕见的统一质量，互补的外部和内部关系。尽管这座教堂为集中式布局，但C·丁岑霍费尔却把同样的设计原则用到后来的纵向布局的教堂设计中。在布拉格小城区中的圣尼古拉斯和布雷夫诺夫（Břevnov）的修道院教堂中，我们可以看到这种努力。这两座教堂都始建于18世纪的第一个十年中。在这些作品中，C·丁岑霍费尔采用了一种互为关联的华盖体系，使拱顶相互穿插，造成了在墙体的空间限定和表面覆盖之间的一种错位形象。这种设计可以被理解为进一步发展了波罗米尼整体空间的愿望，同时也运用了瓜里尼空间组合的手法。墙体壁柱是设计中的关键因素。因此C·丁岑霍费尔的空间组织在水平轴线上是敞开的，而在竖向轴线上则是封闭的，这是通过龛室的表面处理来完成的。教堂由连续的波形面和细部包围，使人联想到波罗米尼的作品（C·丁岑

霍费尔的兄弟J·丁岑霍费尔也于1710年在为班茨的教堂设计中表现出同样的质量）。[15]

C·丁岑霍费尔的儿子K·I·丁岑霍费尔充分发展了墙体壁柱以及波罗米尼和瓜里尼设计原则的综合。他的大量作品包含了当时所有的典型建筑类型：城市教堂，修道院教堂，圣所，牧区教堂和小教堂。这些教堂的平面，在总体上看是"加长的集中布局"和"集中式的纵向布局"。人们可以看到在建筑物属性和平面类型之间的一种确定关系。小教堂通常是简单的集中空间，大些的教堂并不是这种空间的扩大，而是用基本的几何形式形成复合的构图。在多数情况下，这种方式以两种瓜里尼已用过的方式出现：通过将空间元素呈线性排列以形成一种连续的序列（如在奥帕拉尼教堂中），或是使横向和对角轴线积极参与构图（如在卡尔斯巴德教堂中），形成一种真正的组团结构。

K·I·丁岑霍费尔设计的基本组织单元显然来自波罗米尼的风格，只是更为复杂一些。它们的组织与一个或多个中心相关，以强调空间界定的连续性。不过，K·I·丁岑霍费尔却试图避免其父所采用的"省略"方法而是发展了瓜里尼相互关联元素的思想。最终的机体可以看成是"跃动式"

的。通常他并不在内部终止这种跳跃，而是似乎将其延伸到整个建筑物，外部墙体因此获得了与震荡表面相呼应的特征（例如，布拉格的圣约翰立岩教堂等）。这些作品中动态的构图由膨胀与收缩基本单元组成，它们结合在一起，没有留下任何"呆滞"的间隔。通常，膨胀元素为椭圆，收缩元素为带有内部凸面侧边的八边形。沿着所有在理论上空间"开敞"的轴线，檐座被中断，墙体以中性填充材料的形象出现。拱顶因而像"华盖"位于分开的支点上。同样，K·I·丁岑霍费尔回到了其父的富有创意的设计思想，不过，他对华盖的定义却更为精确。在大一些的教堂中，"开敞"的质量由于次要区域的添加而充分展现出来，内部空间因此看上去要深远一些，而且界定没有那么明确，华盖就像被自由地放在一个大空间之中（如在卡尔斯巴德教堂中）。特征的骨架结构体系，是产生这种效果的前提条件。确实，在K·I·丁岑霍费尔的作品中，人们可以清楚地看到所有的主要构件（波罗米尼的作品已经表现了这种想法，尤其在马吉的小教堂中，瓜里尼又以更复杂的组织发展了这种想法）。

在细部处理中，人们也会看到波罗米尼般的对综合形式的追求，同时K·I·丁岑霍费尔着意表现元素的特

征而不是功能角色。他用带有柱子的圣龛来给出主要轴线，柱子因此成了空间的一种功能，而不是一个结构元素。他还根据建筑各部分的重要性来调整壁柱和柱子的用法，使建筑清晰地表现为一种连续而有区别的形体。细部具有来自波罗米尼影响的一种综合属性，例如三拢板和锁石或柱头的融合。这些手法出现在他设计的第一个作品中，那是在 1717 年至 1720 年间在布拉格建成的阿美利加别墅。建筑的山花也表现出波罗米尼艺术的特征，这是由希尔德布兰特（Hildebrandt）传授给 K·I·丁岑霍费尔的，希尔德布兰特被公认为在波希米亚传播瓜里尼思想的重要人物。[17]

在具体的材料和色彩的选择上，K·I·丁岑霍费尔继承了波罗米尼的传统：用简单的方法来明确表达形式的结构。他力图在相互对立的因素中建立一种理想的平衡。"动态平衡"很好地概括了他的作品。不过，动态性不应当使我们忘记其建筑作品的另一个质量。从一开始，他就在探索一种在其父作品中所没有的一种理性。他试图尽可能地来精确定义每一个空间元素，同时也明确区分主要和次要部分。这种具有表现强度和逻辑组织的综合，使他的设计思想特别接近波罗米尼。

我们已经说过，波希米亚巴洛克建筑的主要元素是墙体壁柱体系，瓜里尼的空间组织和波罗米尼的整体形式，而当时的基本问题是集中和纵向空间的综合。C·丁岑霍费尔在作品中以令人信服的方式综合了这些因素，但只是解决了集中式的纵向布局的问题。K·I·丁岑霍费尔最为重要的贡献，就是为加长的集中式布局提供了类比的设计方案。丁岑霍费尔的思想在中欧后来的巴洛克建筑发展影响很大。J·M·菲舍尔（Johann Michael Fischer）着重其思想中的理性方面，而 D·齐默尔曼（Dominikus Zimmerman）则更偏向于其思想中的地方中世纪传统。[18] 确实，他的教堂作品可以被理解为集中式后哥特大厅，用自由发展的古典母题来装饰。只有 B·纽曼（Balthasar Neumann）表现出对其空间设计的富有创意的理解。[19] 他采用了 C·丁岑霍费尔的减缩和 K·I·丁岑霍费尔相关元素的设计手法，不过他通常将华丽的拱顶自由地放置在一分开的环形墙体上。这种处理使他离开了波罗米尼和瓜里尼有关外部和内部互为关系的原则，而 K·I·丁岑霍费尔则彻底实践了这个原则。

从整体上看，丁岑霍费尔的作品是对波罗米尼设计思想的积极发展。波罗米尼力图使作品具有一种综合性，与其他许多同时代的建筑师相比，他对巴洛克的理解要深刻得多，因为那些建筑师只是把时代所需要统一的不同因素结合在一起，例如伯尔尼尼把视觉与出神的形象艺术和理性建筑结合在一起，而理性建筑只是作为次一等级的背景。埃拉赫将过去的传统转变为一种"历史建筑"，这种建筑当然相当壮观，但却没有达到一种真正的综合。希尔德布兰特的设计接近波罗米尼的作品，但相较之下显得肤浅。只有丁岑霍费尔家族的几位建筑师，创造了一种中世纪北欧传统和罗马巴洛克的真正结合，这不仅是因为他们的艺术才能，也因为布拉格作为许多潮流汇集之地的有利环境。在这座城市中，正统的王室风格从来没有统领过宗教建筑。

波罗米尼作品中的超现实和荒诞成分也引出了另一种解读。由于他作品中那些从 16 世纪手法主义继承而来的思想和情感的张力，人们也许可以对他的设计意图有不同的理解。这种理解在波希米亚能被特别地感受到，因为在那儿，社会结构的内在对比反差需要一种"冲突"建筑。圣蒂尼 [Giovanni Santini（Jonann Santin-Aichel）] 是这种倾向的最突出的代表人物。[20] 圣蒂尼的作品具有一种非现实的质量，它来自波罗米尼建筑中的荒诞部分。他的第一个作品令人注目是 1702 年塞德莱茨的重要哥特教堂的重

建工程，该教堂毁于胡斯战争。除了主要立面之外，教堂的外部都是同一元素的单调重复。建筑缺乏哥特建筑所特有的丰富而具有活力的细部，因而呈现出图解般的面貌，给人一种不真实且带有强烈个人色彩的印象。建筑内部表现了一种冷漠和抽象的设计格调，宏大的带肋拱顶强调了深度方向，但节奏缺乏有机的活力，拱肋只有相对拱顶而言的装饰和"图解般"的功能。从其形状与表面的连接来看，它们显然没有结构功能。教堂的内部由画上线条的连续墙体和顶棚构成。

圣蒂尼的巴洛克作品也具有相同的质量。帕尼斯基–布雷赞尼的小教堂表现出类似的墙体处理，壁柱、额枋和拱门饰被画在墙面上。在南波希米亚的洛米克教堂也具有类似的特征，因此估计也是圣蒂尼的作品。教堂建于1692—1702年间。[21] 平面根据哥特四叶苜蓿的母题来设计。尽管外部的侧边为凸面线性，但墙体之间的锐角关系使建筑外部呈棱柱形象。这些角度在内部与深深的凹槽对应，凹槽穿透檐座，一直延伸到拱顶。凹槽中有两个纯粹用来装饰的壁柱，墙体紧挨着它们出现。壁柱只是被加到一个整块的体量上。波托盖西曾经把这个设计与波罗米尼在圣埃弗教堂中的连续性做了比较。[22] 两座教堂无疑具有相似之处，

64. *G. Santini: Rajhrad.*
图 64. 圣蒂尼：在赖赫拉德的教堂

65. *G. Santini: Sedlec.*
图 65. 圣蒂尼：塞德莱茨小教堂

因为它们的平面形状一直上升到拱顶。然而，洛米克教堂却没有波罗米尼那种骨架结构，而这正是丁岑霍费尔家族在教堂作品中的设计出发点。

明确限定的结构原则使圣蒂尼的作品具有非常特别和个性的表现。建筑物是一精确和静态的体量，建筑元素被加在上面但没有真正形式上的联系。静态的空间相对简单。建筑物的整体质量也通过内部的连续檐部表现出来，锐角和凹型线脚明显削弱了建筑物的立体感。其形象结果是迷人的虚构和抽象。所以，圣蒂尼关于建筑构成的认识与丁岑霍费尔家族有着根本的不同，其作品也没有什么相同之处。[23]

C·丁岑霍费尔将拱顶与柱式统一为华盖体系，使墙体处于填充材料的次要地位，而圣蒂尼的作品则是一整块的。C·丁岑霍费尔敞开了墙体，打破了檐部，使横向设计减缩到单一的支点上，空间被容纳在拱顶之中。圣蒂尼的作品则相反，墙体封闭，顶部开敞，拱肋抽象，利用幻觉绘画使建筑元素似乎消失（例如，赖赫拉德的教堂作品）。不过，他们作品的设计灵感均来自波罗米尼的那种非理性和反古典的质量。C·丁岑霍费尔作品中，这种倾向具体表现为对建筑空间的全新解读。我们已经讨论过中世纪后期墙壁柱体系获得解放的重要

性，这种解放使华盖结构成为可能，米开朗琪罗（Michelangelo）已经在斯福尔扎教堂中预示了这种可能性。C·丁岑霍费尔通过对墙体和拱顶的省略位移解决了空间相互渗透的问题，因而超越了瓜里尼的"机械"添加的概念。他把波罗米尼追求空间整体的想法，运用到大型而复杂的机体之上，完成了纵向和集中空间的真正综合。尽管这样，形式明确易察，能使观者产生认同和安全的感受。

圣蒂尼试图超越古典建筑的理性，同化中世纪传统和波罗米尼那些更为抽象的质量。然而他的设计方法仅限于他自己，因而没能影响到后巴洛克建筑的后来发展。他的设计可以看成为 18 世纪末古典建筑最终瓦解的先兆。[24] 与丁岑霍费尔"开敞"和欢快的空间形成对照的是，圣蒂尼的整块墙体看上去封闭且不那么雅观：天国的景象停留在远方，不像前者的华盖将这种景象传递下来。

丁岑霍费尔和圣蒂尼都创造性地发展了对波罗米尼建筑的不同解读。前者以综合的思想作为出发点，实现了欧洲巴洛克的目标。而后者则着重了波罗米尼的问题方面，以非难古典建筑而结束。这两种解读之所以成为可能，是因为古典柱式在作品中失去了构成作用。空间成为一种表现的手

段，作品中出现了一种心理尺度。

也许有人会说，波罗米尼、丁岑霍费尔家族和圣蒂尼共同创造了一种真正的宗教建筑，一种否定分析的"神秘"且用具体的表现取代了象征和常规符号的建筑。

米开朗琪罗懂得这个问题，他以最新的手法主义提出了解决问题的答案。[25] 波罗米尼显然离开了米开朗琪罗，很快获得了令人信服的结果，比如对伯尔尼尼为圣彼得大教堂设计的华盖的改动。他后来的作品反映出一种追求形式综合的持续努力。在处理空间和造型方面，他在建筑史上开创了一个新的时代。

今天，人们重新对波罗米尼建筑作品产生兴趣，是因为理性主义危机的普遍存在，更准确地说，因为人们不再接受那种自文艺复兴以来就占统治地位的理性和情感的分裂。这并不意味着人们要去除理性，而是应当通过指出其局限并将其与价值和情感结合起来，给予理性以新的明确性。波罗米尼看到了这种综合的需要，指明了这种综合只有通过"多元语言"才有可能去综合任何一种设计意图。从这方面来看，波罗米尼也是一个现代建筑师，我们之所以用波希米亚来说明他的影响和重要，是因为现代的问题首先出现在那里。

瓜里尼之后的建筑空间

谈到瓜里尼的重要和影响时，人们通常是指他对空间的特别处理。他是用一种全新方法来组织空间的，其设计方法的根本重要性对后期中欧巴洛克建筑的发展是无可争辩的。一些学者试图对瓜里尼空间运用的属性进行准确的描述，例如 A·E·布里克曼（Albert Erich Brickmann）的早期著作，O·斯特凡（Oldřich Stefan）和泽德迈尔。弗朗茨和 W·哈格尔（Werner Hager）也对这方面进行了研究。[1] 但正如通常所发生的那样，这些富有希望的开端并没有能继续发展。[2] 所以，我很高兴在这里来讨论瓜里尼的空间概念及其在历史上的重要性，尽管我只能讨论这个复杂问题的少数几个方面。

瓜里尼空间的结构

作为开始，我想用"体系化"这词来说明瓜里尼的重要性。罗马的巴洛克建筑已经包含了瓜里尼空间的不同属性，尤其在波罗米尼的作品中。瓜里尼的创新在于将这些属性组织为一个逻辑且富有成效的体系。从这方面来看，人们可以把瓜里尼的作用与二百多年前伯鲁乃列斯基的作用相比，只是瓜里尼所表现出来的经历更为伟大。让我们来考察一下瓜里尼的空间特点。

空间单元的"相互渗透"概念是罗马建筑师在 17 世纪引入的。他们运用这种方法来达到从外部到内部的更为"有机"的转折过渡。结果有了科尔托纳（Cortona）和波罗米尼的曲面墙体。[3] 然而，瓜里尼更为系统地运用了这个方法。他并没有局限于偶尔运用与某些"关键"转折相关的相互渗透，而是根据这个原则来组织整个建筑布局。因此，他可以被认为是空间单元的真正巴洛克整体组织的发明者。在圣衣小教堂中，人们可以看到新型的相互渗透的运用，它们具有深远的影响意义。圆形的进厅不仅渗透到教堂中，而且以"波形"下降引向下面主要呈凸型曲线的楼梯。泽德迈尔从瓜里尼作品中总结出四种不同类型的相互渗透。[4] 不过迄今为止，研究瓜里尼的学者们忽略了对瓜里尼之后空间发展具有决定性影响的一个方面。这个方面并不是真正的相互渗透，而是曲形凸体和曲形凹体单元的并置，以至于曲形凸体看上去像是把曲形凹体推到后面。前者并没有渗透到后者之中，从而使它们看上去富有弹性。当它们根据格式塔法则，以规则的单元围绕中心组织时，这种弹性效果就更为突出。人们也许可以谈到单元的相互依存关系，其总体效果是"跃动"。我们因此将这种空间组织的类型叫作"跃动并置"。

这种跃动并置清楚地表现在卡萨莱的圣菲利波教堂的设计中，表现在所谓的"法国宫殿"中。在"无名"教堂中，出现了把两种方法运用到一起的有趣尝试。跃动并置的原则也出现在罗马的巴洛克建筑中，例如波罗米尼设计的圣玛利亚七哀教堂，该教堂因此在巴洛克建筑的历史中获得了最重要的地位。

墙体的分隔限定与单元形式之间的对应是跃动并置的前提条件，正像手套要合适手形一样。因此，空间与形体的一致性是瓜里尼建筑的另一个特征，我在其他地方称其为互补性。[5] 波罗米尼最先有这种想法，而瓜里尼系统地发展和实现了这种想法。

相互渗透和跃动并置都表达了追求连续性和空间"开敞性"的愿望。所以很自然，在这两种情况中，建筑形式被简化为骨架和用来包围和填充的次一等级的"隔膜"。圣菲利波教堂就是一个很好的例子，建筑的主要系统只有柱子（有 72 根！），檐部被断开，其间是中性的填充外墙。墙体上开有自由形式的巨大窗户，表现出一种非结构的属性。瓜里尼也采用了同样的光线设计，发展了罗马人关于双重空间限定的想法，主体结构由一远离的光带所围合。

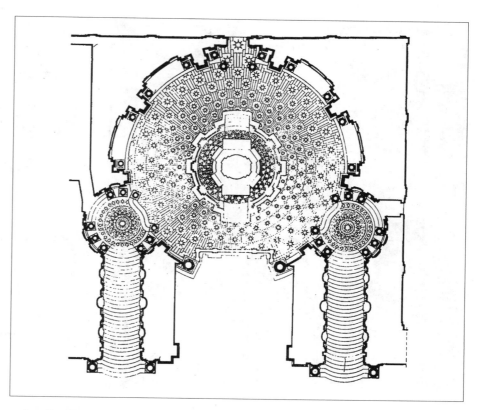

67. Guarini: SS. Sindone, drawing.
图 67. 瓜里尼：圣衣教堂绘图，都灵

68. Guarini: San Lorenzo, Turin.
图 68. 瓜里尼：圣洛伦佐教堂，都灵

瓜里尼的重要创新，是使这些想法表现为一个逻辑体系中的相互依存部分，而建筑为一统合整体的概念是这种设计的先决条件。他的前辈把每一个设计都看成为是新型且没有关联的问题，而瓜里尼则从体系自身中"选择"答案，尽管他采用了常见的母题和类型。这样一来，他的作品具有一种统一的面貌，不同类型的建筑物承担了同一"家族"中成员的角色。这种方法可以容纳变体和变化，可以解决集中和纵向布局的设计问题，可以处理小型和大型建筑的设计问题。圣衣教堂只有单一的空间，而圣洛伦佐教堂则表现了通过跃动并置而获得的延伸效果。在奥罗帕教堂的设计中，瓜里尼只在司祭席空间设计了跃动并置和互相渗透，而在卡萨莱的圣菲利波教堂和维琴察的圣加埃坦诺教堂则颇为激进地运用了两种方法。圣菲利波教堂的布局由带有内部凸圆体的圆形和方形构成的网状结构。在设计中，居主导地位的圆形中心渗透到四个周边的单元中，中心机体的角落则用小椭圆来限定。圣加埃坦诺教堂的体系比较简单，并没有去追求同样的伸展可能性。然而，设计却围绕限定不清的单元发展；拱顶侧边的凸圆体朝着室内，而柱子则形成一圆形，渗透到周围的单元之中。这种双重渗透

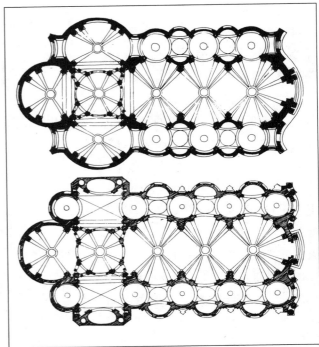

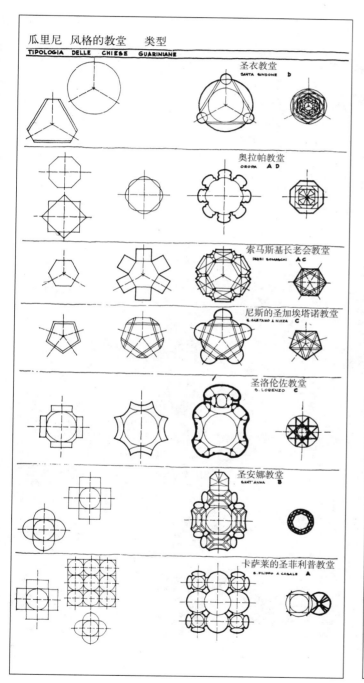

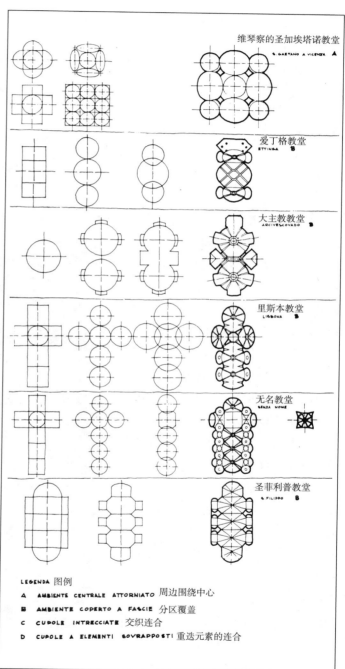

正是 C·丁岑霍费尔"切分"空间的先兆。

除了上述与集中布局建筑问题相关的设计答案之外，瓜里尼还对纵向布局的教堂作出了重要贡献，其中既有简单的大厅，又有复杂的巴西利卡。在阿尔多廷的圣玛利亚教堂和都灵的圣灵感孕教堂，他用三个主要单元构成一种线性的连续，单元之间相互渗透。在前者中，位于主要空间和椭圆侧边小祈祷室还有一种互相渗透。两座教堂显示了一种双向轴线布局的"动态"发展，这个传统可以追溯到罗马巴洛克建筑。[6] 这毫无疑问地表现了力图综合纵向和集中布局的愿望，这是巴洛克建筑的一个基本问题，但瓜里尼对此并没有很大的兴趣。在纵向布局的大型建筑中，瓜里尼运用相互渗透和跃动并置，造成了一个统一而复杂的成组单元。在里斯本的圣玛利亚天意教堂（1656 年？）的设计中，他融合了主要的空间单元，但侧边的椭圆形小祈祷室的空间却很不确定。这个问题在为"无名教堂"做的两个方案中得到了解决，右侧的小祈祷室渗透到中殿单元中，而左边的祈祷室则退后，构成跃动的连续。这种设计清楚地表现了瓜里尼方法的两种变体，因此具有重要的意义，它在瓜里尼之后的建筑发展中，扮演了决

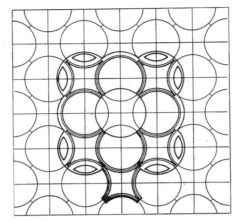

定性的角色。

我们定义了空间统合的两个原则：相互渗透和跃动并置。让我们来看看瓜里尼的后辈们是如何运用前者或后者的，但却从来没有在运用两者方面达到同样的程度。

瓜里尼之后的建筑空间

瓜里尼的建筑对以下两个地区产生了最大的影响：皮德蒙特和中欧的波希米亚和弗兰科尼亚。在前一地区，尽管并没有出现运用加氏设计原则的优秀作品，但我们应当提到 B·维托内和 C·米凯拉（Constanzo Michela）的作品。维托内在早期作品中很少运用跃动并置，例如在科特兰佐的圣路易吉教堂和在亚历山大的圣基娅拉教堂。他对相互渗透的手法表现出更大的兴趣，并把它用到大型建筑上，例如在布拉的圣基娅拉教堂，其中侧边的小祈祷室渗透到主要空间中。更为重要的是，在尼斯的圣加埃塔诺教堂中，圆形的侧边渗透到主要的椭圆空间中。但维托内并没有进一步发展瓜里尼成组空间的思想。他的兴趣在于表现骨架结构的清晰和空间的照明（他从瓜里尼学到了由带孔的拱顶或复杂的结构所覆盖的空间区域的叠加，但我不想在此讨论这些）。米凯拉在几个作品中富有创意地运用了跃

动并置。在阿列的圣玛利亚教堂就是根据这个原则设计的，不过周边区域的处理不够明确，外部墙体的运动，并没有完全对应空间的形式。由于这种设计手法个性独特，还不能被归纳到总体的类型之中。[7]

在中欧，瓜里尼思想的影响就大多了，而且也更快地被吸收同化了。在 17 世纪末期，瓜里尼式的空间组织已出现在一些建筑物中。有两位同时代的建筑师发展了瓜里尼的原则，成为不同学派的领头人。希尔德布兰特对跃动并置表现了浓厚的兴趣，而 C·丁岑霍费尔则创造性地发展了空间相互渗透的可能

性。可以肯定，这两位建筑师都直接体验过瓜里尼的作品。

让我们先来看看由希尔德布兰特所领导的学派。大约在 1697 年，希尔德布兰特在维也纳的曼斯费尔德 - 丰迪府邸（现在是施瓦岑贝格）的花园设计了一个建筑，主要空间为一八边形，其横向轴线上有四堵凸圆墙体和两个椭圆形空间。[8] 设计运用了跃动并置的概念，吸收了典型的瓜里尼手法。结构是"开敞"的，因为可以随意地添加和去掉组织单元。有两座在 1700 年之前设计的教堂充分展现了这种可能性：波希米亚的加贝尔教堂和维也纳的圣玛利亚教堂。前者明

图 76. K·I·丁岑霍费尔：帝国医院教堂，
布拉格

显地受到都灵的圣洛伦佐教堂的影响，其中最为引人注目的区别，就是对应于司祭席的椭圆以及横向轴线上出现的小椭圆空间。添加这些空间并没有使设计超出瓜里尼的体系，但希尔德布兰特却创造了在瓜里尼作品中未曾出现的纵向和集中布局的结合。

希尔德布兰特在这方面并没有走得更远，但他的学生 K·I·丁岑霍费尔却进一步发展了这方面的可能性，在一系列重要工程中运用了跃动并置的设计。他在 1720 年设计第一座教堂，布拉格城堡区的圣约翰·内波穆克教堂时就采用了这种手法。在设计这座和在尼科夫的另一座教堂中，他回到了更为常用的空间成组结构。从整体上看，他的这些早期作品是对后来更为动态成组结构的前期研究，在这种结构中，跃动并置总是有系统地出现。然而，他的这两个作品的主要空间体现了一种根本性的创新：空间单元表现为华盖。这个创新使得成组结构得以连续，而瓜里尼设计的复杂的拱顶却不可能这么去做。为了设计真正的华盖，K·I·丁岑霍费尔借鉴了其父所运用的墙体壁柱和有大型自由形式窗户的中性填充墙体。这种体系已经出现在瓜里尼为卡萨莱的圣菲利波教堂的设计中。

1723 年，K·I·丁岑霍费尔在瓦

77. *Interpenetration and juxtaposition (Norberg-Schulz).*
图 77. 渗透和并置（诺伯格 – 舒尔茨）
78. *K. L. Dientzenhofer: Počalpy church.*
图 78. K·I·丁岑霍费尔：坡恰尔皮教堂

79. *Linear and radial composition as developed by K. L. Dientzenhofer.*
图 79. K·I·丁岑霍费尔：发展的线形和放射构图

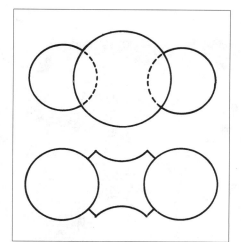

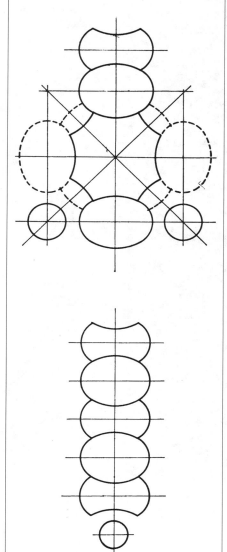

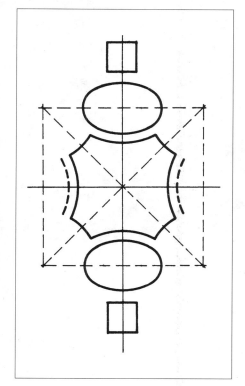

尔斯达特修道院的大教堂设计中运用了跃动并置的方法。同一年，他对希尔德布兰特设计的圣玛利亚教堂做了改动：他用更为规则的形式，使单元之间的关系变得完全相互依存[9]，教堂因此成为伸长的集中布局的建筑物。在后来的设计中，他采用了几种变体形式，并在 1724 年设计的波卡普利教堂中表现出来。我们可以看到一种相互依存的跃动华盖和内部与外部的互为补充。位于布拉格的圣巴塞洛缪（1726 年）教堂，圣约翰立岩教堂，帝国医院的小教堂（1733 年）和奥多棱那沃达的教堂（1933 年）都是其他形式的变体，表明了这种设计体系的可能性。这些建筑中的主要内部空间为凸圆体，而在另一些设计中，K·I·丁岑霍费尔以椭圆或正圆为发生单元。这种方法明显表现出对集中和纵向布局更为有机综合追求的愿望。例如在卡尔斯巴德 1733 年建造的一些教堂，以及同年在多布拉沃达建成的一座教堂。[10]

　　K·I·丁岑霍费尔在纵向布局的建筑中运用跃动并置的方法，发展了瓜里尼的想法。尽管在平面上，他沿用了其父的双向轴线方法，而这些平面形式又来自瓜里尼的圣灵感孕教堂，但他却以一种全新的方式来组织设计。在 1932 年奥帕扎尼

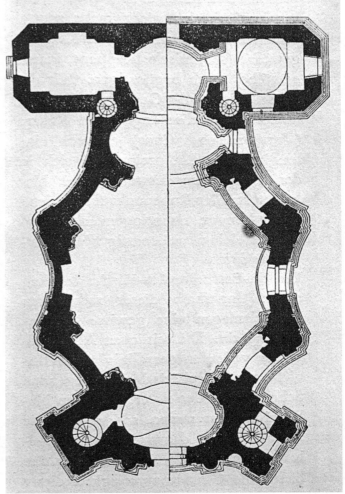

82. K. I. Dientzenhofer: St. John on the Rock, section
(canopy system).
图 82. K·I·丁岑霍费尔:圣约翰立岩教堂（剖
面，华盖）

83. K. I. Dientzenhofer: St. John on the Rock.
图 83. K·I·丁岑霍费尔：圣约翰立岩教堂

的教堂设计中，他采用了凸圆与凹圆单位的连续并置，而在 1934 年最初为库特纳霍拉设计的修道院教堂中，他通过加上侧向椭圆空间进一步丰富了设计手法。

K·I·丁岑霍费尔也在世俗建筑中运用了跃动并置的手法。例如，约在 1727 年设计的布拉格的海关大楼就十分有趣，很可惜方案只停留在图纸上。就我们所知，此方案是借鉴瓜里尼在"法国宫殿"中所运用的创新手法方面唯一的例子。

相比其他任何一位建筑师，K·I·丁岑霍费尔更多地发展了瓜里尼建筑中那种内在和系统的可能性。他的大量作品是根据跃动并置的原则设计的，只是偶尔运用相互渗透的手法。他所运用的空间组织方法，可以运用到所有的建筑类型上，而不会改变基本的建筑语言。

加长的集中空间和集中的纵向空间是 K·I·丁岑霍费尔的一个重要追求目标。人们不可能在他的作品中看到纯粹的集中式建筑。从理论上讲，四周的空间单元需要一种规则和集中的构图，而他则只强调一个方向上的轴线。我们可以用弗兰茨创造的"减缩的集中建筑"这个术语来描述这种设计。这个术语所包含的概念为巴洛克建筑解决集中和纵向综合的问题，

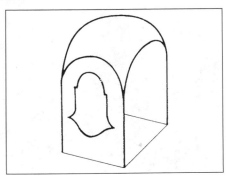

提供了有趣和富有成效的答案。

K·I·丁岑霍费尔的作品成为运用跃动并置发展的顶点。

让我们再来看看其他追随瓜里尼建筑的倾向。在1700年前不久，K·I·丁岑霍费尔的父亲 C·丁岑霍费尔设计了两座教堂，它们分别模仿了都灵的圣洛伦佐和圣灵感孕教堂。在斯米日采教堂中，人们可以看到出现在圣洛伦佐教堂中那种用"减缩"的横向轴线来设计集中布局的手法。不过，建筑师加长了教堂的主要空间，并加上了一椭圆进厅，以加强空间的主要方向。组织的方法就是跃动并置。但在这之后，他再也没有运用过这种设计手法。在奥伯里斯特的修道院教堂中，设计者采用了圣灵感孕教堂中那种相互渗透的方法。这两座教堂的组成部分和轴线都是一样的，壁柱的位置也是相同的，而它们最为重要的不同就是中心单元檐部的凹圆墙体，其灵感来自瓜里尼为圣玛利亚阿尔多廷教堂所做的设计。平面布局的几何体系也不同于圣灵感孕教堂。空间单元呈复合形式，而不是圆形，表现出追求空间整体性的愿望。

布拉格小城区中的圣尼古拉斯教堂是奥伯里斯特教堂的发展。它的中殿结构会引发各种解读。壁柱明确限定了三个空间，然而拱顶跨越在壁

柱之上，双重曲拱缩小了间隔中心的空间。这样教堂就出现了两个空间定义，它们相互置换。这表明，作为一个整体的空间被清晰地表现出来。相互渗透的手法在此被发挥到了极点。于 1707 年在埃格尔建成的 P·克拉雷斯教堂采用了同样的空间设计，在布拉格附近的布雷诺夫教堂（1709 年建）中，人们可以看到这种空间设计最为明确和丰富的形式。教堂的空间组织为带有斜向支撑的一系列华盖。拱顶上的"开口"与下部的空间区域形成错位，就像出现在圣尼古拉斯教堂中的那样。当墙体有开口时，拱顶是封闭的，反过来也是如此。C·丁岑霍费尔的方法是一种省略（切分）的相互渗透，他的弟弟 J·丁岑霍费尔在弗兰克尼亚也采用了这种方法。在班茨教堂的设计中，他完全吸收了 C·丁岑霍费尔的想法。在波希米亚以外的地区，该教堂比任何其他一座建筑都在更大程度上运用了这些原则，兄弟间的亲密关系是解释这个事实的唯一理由。后来，J·丁岑霍费尔在波梅尔斯费尔登宫的底层平面中和霍尔茨科申的布局中采用了类似的体系。[11]

我们知道，J·丁岑霍费尔在晚年与纽曼有过接触。因此，人们可以在纽曼早期的教堂作品维尔茨堡主教

88. K. I. Dientzenhofer: St. Mary Magdalen, Karlsbad.
图 88. K·I·丁岑霍费尔：圣玛丽·马格达
伦教堂，卡尔斯巴德

堂的申博恩小教堂（1722 年建）看到
丁岑霍费尔式的设计手法。教堂平面
以圆形为基础，圆形与侧边两个小椭
圆相互渗透。对角线上的柱子强调了
圆形空间，产生了明显的集中布局效
果。纽曼设计的主题就是综合纵向和
集中布局，通过相互渗透和居主导地
位的"圆形大厅"的方法来统合圆形
和椭圆形空间。在 1732 年建成的维
尔茨堡居住区教堂中，他发展了这种
思想，运用了 C·丁岑霍费尔的省略
方法。同样的设计原则还在像盖巴奇
和埃特瓦萨森（1740 年建）的简单作
品中得到了发展。

纽曼的最高成就表现在两个杰作
之中：维森海里根的圣所教堂（1744
年）和内勒斯海姆的隐修教堂（1748
年）。隐修教堂的布局为整体的双向
轴线，架在独立双柱之上的椭圆穹顶
在十字交叉处占据主导地位。中殿
和司祭席被设计为相互渗透的椭圆序
列。从巴洛克追求纵向和集中布局综
合的方面来看，这座教堂无疑是一个
最为壮观的实例。不过，教堂缺少像
K·I·丁岑霍费尔作品中那些多边的
开口。维森海里根的教堂并没有表现
出纽曼的真正设计意图，因为在建造
过程中，他被迫修改设计，去掉了在
十字交叉处的主要中心。尽管如此，
该教堂特别富有创意地实现了由 C·丁

89. B. Neumann: Neresheim.
图 89. 纽曼：内勒斯海姆教堂

岑霍费尔所开创的空间可能性。教堂空间总体由五个连续且相互渗透的椭圆单元构成。中间和两端的椭圆空间与拱顶呼应，其间的单元则为过渡的间隔。通过与椭圆祈祷室和司祭席之前的耳堂的相互渗透，它们获得了更大的空间价值。在十字交叉处，拱顶在需要加宽的地方却变窄了，达到了令人注目的省略效果。拉丁十字，双向轴线，主导中心空间使这座教堂具有一种复杂性，它在巴洛克建筑史上从来没有被超越过。

纽曼完成了对空间相互渗透方法的发展。纽曼与 K·I·丁岑霍费尔一起，终结了后瓜里尼建筑的发展。

结束语

我试图说明，瓜里尼的作品促成了在后巴洛克时期达到高潮的两种倾向的发展。尽管它们有共同的方面和意图，但却采用了不同的方法。

跃动并置的原则比较理性。它允许元素之间的"开敞"结合，表现出与现代建筑中的"方格网"相类似的体系。由于丁岑霍费尔把空间定义为规则形式的华盖体系，跃动并置实用于所有的基本建筑类型。尽管这种方法带有一定的"机械般"的质量，但它毕竟使所追求的动态空间成为可能。内在的动态性由于互补的立体形

90. B. Neumann: Neresheim.
图 90. 纽曼：内勒斯海姆教堂

91. B. Neumann: Neresheim (plan).
图 91. 纽曼：内勒斯海姆教堂（平面）

式而变得尤其明显。K·I·丁岑霍费尔还力图说明如何运用同样的方法来获得一定的空间溶解效果。

省略的相互渗透具有更多的非理性色彩，因为它导致了模糊空间和相对复杂过渡空间的形成。它并没有同样组合的可能性，因此组合的手法更具有独特性。不过，纽曼懂得这些限制，在简单和环绕的围合中设计出动态的成组结构。

建筑师个人的性格决定了他们对一种或另一种方法的兴趣。还有一些建筑师并不那么系统地运用了瓜里尼的设计思想，他们仿照罗马巴洛克建筑师，用跃动并置的方法来处理常规建筑中那些特别重要的过渡空间。[12] 瓜里尼的思想因此是多重方面且相当丰富的，可以成为许多建筑师对时代问题进行不同解读的出发点。瓜里尼的多才多艺不仅来自对数学的兴趣，而且也肯定来自都市生活的影响。在数学中，他找到了客观的方法和工具来组织新的"开敞"世界，而这个世界正是时代尤其是瓜里尼本人特别需要面对和进行艺术表达的世界。我们自己的时代的问题在某些方面很类似，这说明了目前建筑界对瓜里尼作品研究的兴趣。

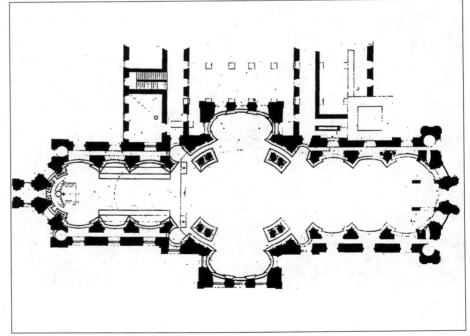

贝尔纳多·维托内教堂作品中的集中化和延伸性

达朗贝尔（D'Alember）用"体系精神"这词来定义17世纪的最为突出的特征，他用这词来强调那个时代对一种完整，整体且基于先验的公理和教条体系的追求。在对绝对体系的追求中，人们可以求助于通过反改革而得以恢复的罗马教会，也可以转向任何完全接受《圣经》原则的新教组织，或笛卡儿（Descares），霍布斯（Hobbes），斯宾诺莎（Spinoza）或莱布尼茨（Leibniz）的伟大哲学体系，或具有神圣权利的君主政体。这些选择的可能性为人们提供了不同途径，为已失去的中世纪世界创造替代物。体系的多元性要求自身能够得到传播。然而，只有当传播与代表体系根本的公理和特征的中心点相互联系时，传播本身才有意义。这些中心点，无论它们是宗教的、科学的、经济的、或政治的，都会发射出离心的力量，而且当人们从中心本身来看时，这些力量似乎没有空间上的限制。17世纪中的这些体系因此具有内在的"开敞性"；从一个固定点出发，它们可以无限地延伸。这种与无限的新型关系最早由 G·布鲁诺（Giordano Bruno）提出："一个无限的空间具有一种无限的姿态，在这种无限姿态中，存在的无限行动得以赞扬。"[1] 在这种无限的世界中，运动和力量具有根本的

重要性。一百年后，同样的思想出现在莱布尼兹（Leibniz）的哲学中。然而，在笛卡儿更为简单和理性的秩序中，空间的延伸是所有事物的共同品质，各种不同的运动产生了多样性。记住了这一点，人们就可以看到巴洛克现象中的体系和动态这两个尽管看上去相互矛盾的方面，是怎样形成一个有意义的整体的。巴洛克时期最为突出的特征就是既体现归属一种绝对和整合的体系，又同时开敞且富于动态。人们用"体系"，"集中化"，"延伸"和"运动"等词来强调时代的精神状态，人们也可以用它们来描述巴洛克建筑。如果打开1740年前后的巴黎及其周围的地图，我们就会注意到环境呈现一组集中化的体系，从理论上讲，具有一种无限的延伸。[2]

这些体系大多数都可以追溯到17世纪。从更大的范围来看，巴黎作为体系的中心，扩展到整个法国。人们可以用放大镜从同一地图上看到单个元素和建筑物是如何以一种类似的型制组织起来的。这种生活方式和建筑环境之间的明确对应在其他历史时期中是难以找到的。这个时期的宇宙，被认为是有组织的几何形体的延伸，它们围绕具有意义的中心布局，了解了这一点，就容易那种明确对应的关系。由于与这一中心相互联系，人们的存

在更为重要，存在的本身也通过向中心汇聚的运动倾向和道路表现出来。

文艺复兴建筑，无论是单体建筑还是"理想城市"，都偏爱集中布局。不过这种集中布局是通过建筑均匀布置而获得的一种静态和封闭的质量。其体系从来没有超越明确规定的界线，而是独立于环境之中，像是要表明一种突出的个性。与此形成对照的是，巴洛克体系的元素是多样的，且从属于一中心焦点。这种新结构被明确地表现在"都城"这个概念之中，而这个概念是要为整个世界建立一个参照点。[3] 都城的动态和"开敞"的质量也决定了其内部组织，笔直宽大的街道使行人和车辆有了更大运动的自由，表现出对参与的新需求，从而实现巴洛克追求体系化的抱负。

巴洛克建筑的发展基于同样的基本原则。从总体上看，较大的教堂由传统的巴西利卡发展而来，而小些的教堂则为集中布局。然而最为重要的是，前者通常具有一个由圆顶和圆形空间构成的突出中心，而后者也通常有一纵向轴线。这两者因此都表达了参与到伸展空间体系中的新的愿望。每一座教堂，不管其形状和布局，都是一个中心点或"场所"，基本的教义在其中得以传播。所以，巴洛克的集中性从内容和形式上都与文艺复兴

92. Plan of Prague and surroundings, 1740.
图 92. 布拉格及周围总平面图，1740 年

的不同。

　　最初的巴洛克教堂的集中和延伸，是通过竖向和横向轴线来表示的，两个方向都因此得到了新的强调。在优秀实例中，这两方面成功地结合在一起，但还没有融合为一种综合；在17世纪，中心和水平延伸都以不同的方式出现，表现出追求新的统一的努力。通过造型的连续性，波罗米尼创造了竖向和横向运动的一种新的动态。他的最后作品传信教堂是对时代主要愿望的壮观回应：集中与纵向、竖向与横向的连续性。统一的结构和"开敞"的空间延伸，在此被统一起来，形成一种有机的综合。

　　瓜里尼的作品系统地发展了波罗米尼所倡导的新的设计思想。在瓜里尼看来，跃动和扩张运动是自然的根本属性："自发的扩张和收缩运动并不来自给定的源头，而是充满了生命体的全部。"[4] 巴洛克的延伸和运动因而获得一种充满活力的解读。瓜里尼创造了几种具有重要意义的形式手段来表现这一概念。相互渗透和依存的空间元素的连续型制体现横向伸展，一系列叠加的拱顶表现竖向轴线。他用这种方法统一了两个无限的概念：水平运动的世俗延伸，竖向升腾通往天国之路。水平伸展通常被理解为一种离心运动，尽管在建筑中可以对一

94

93. F. Mansart: Church of the Visitation, Paris.
图 93. 芒萨尔：探访教堂，巴黎

条或多条轴线加以强调，但主要的纵向运动总在那儿。"轻盈"的结构突出了"开敞"的质量。

瓜里尼的作品中，骨架结构由类似薄膜的墙体围绕，创造了外部和内部之间的一种动态关系，而圆顶则或被截短或被设计为肋网。十分明显，他在各处所看到的建筑物，影响了他的作品。住在巴黎时，他有可能研究过哥特建筑的精致轻盈结构，研究过 F·芒萨尔（François Mansart）的作品，这些对后巴洛克建筑的创新产生了最为重要的影响。例如在显现教堂中，人们可以看到第一个真正的空间和被截短的圆顶，在恩典教堂中，一种激进的形制出现在纵向的巴西利卡中。

18 世纪上半叶的后巴洛克教堂，基本追随了瓜里尼的原则，用相互渗透和依存的"单元"来创造伸展。不同的建筑师如希尔德布兰特和丁岑霍费尔进一步发展了空间有机体的可能性。其他建筑师如费舍和纽曼则发展了集中轻盈机体的传统，创造了一种最好用德文"双重空间限定"（Zweischaligkeit）这词来定义的设计。费舍和纽伊曼的建筑物在总体上看是由内部决定的，而周围的墙体则是一种相对模糊"遥远"的元素。这些突出了与 K·I·丁岑霍费尔的"互补性"的不同。菲舍尔和纽曼的作品表现了

95

一种摒弃劝诱性的巴洛克语汇而偏爱集中和延伸的愿望。

维托内的教堂作品，是这一伟大传统中的一个有趣篇章。他也把集中轻盈的空间作为一个主要设计意图，以实现瓜里尼的运动和竖向开口的设计思想。在这方面，他的设计要好于同时期的任何一位建筑师。当时的一些建筑大师喜爱用一系列相对简单的拱顶来覆盖复杂的空间体系，把创造竖向开敞的任务交给了幻觉般的壁画。而维托恩则设计了与空间同高的轻盈墙体，在拱顶和近拱顶墙体上开上窗洞，以一种卓越的方法实现了光明中心的想法，创造了一种最基本的原型。

波托盖西在一篇关于维托恩的专题论文中，详细分析了维托内作品的形式特点。这里，我只想指出一些基本的因素，以更好地说明我对其作品的解读。维托内的基本意图表现在他的第一个重要的作品中，即瓦利诺托圣殿（1738 年建）。从总体上看，平面来自圣伊沃教堂，但竖向的发展很不相同。维托内没有重复波罗米尼建筑中的那种连续性，而是设计了一种由六根柱子支撑的拱券所构成的规则体系，把复杂的平面变成简单的六边形。在拱券后面，光线从后殿半圆室上部带有窗洞的拱顶射入。光线经由

"光室"过滤进入建筑内部，位于拱券之上的光室直接敞向主要空间，造成一种拱券在空间中自由平衡的印象，而半圆空间则成了光亮的区域。这种手法显然借鉴了由尤瓦拉在卡迈恩设计的教堂，采用了伯尔尼尼关于不露光源的想法。空间没有用传统的拱顶覆盖，而是采用了瓜里尼似的肋网，使人们从这种结构中感受到一种无限和虚幻的天空。瓦利诺托教堂的总体结构可以看成是嵌入环抱光亮空间的集中式骨架。

在科特拉索的教堂中，也可以看到类似的设计。该教堂也许建得比瓦利诺托教堂要稍迟一些。教堂的空间组织更为简单：设计者根据跃动并置的原则，用三个次要的椭圆围绕主要的空间单元，我在其他地方对此有过描述。[5] 带有窗洞的拱顶在连续的空间中形成骨架，不过其中的空间元素却难以区分。

在基耶里的圣贝尔纳迪诺的教堂中，维托内不得不面对由另一位建筑师设计的传统希腊十字布局。这种限制反而突出了维托内的设计意图。我们再次看到位于十字交叉臂上的带有窗洞的拱顶，同时近拱顶的墙体上也开了窗洞，让光线进入。光线从鼓座周围高高的光室射下，使结构看上去轻盈而半透明。光室使空间产生了对

97. Vittone: San Bernardino, Chieri.
图 97. 维托内：圣博纳蒂诺教堂，基耶里尼

98. Vittone: Santa Chiara, Bra.
图 98. 维托内：圣基娅拉教堂，布拉

97. Vittone: San Bernardino, Chieri.
图 97. 维托内：圣博纳蒂诺教堂，基耶里尼

100. Vittone: Santa Chiara, Turin.

图 100. 维托内：圣基娅拉教堂，都灵

101. Vittone: Santa Chiara, Vercelli.

图 101. 维托内：圣基娅拉教堂，维切利

102. Vittone: San Michele, Rivarolo Canavese.

图 102. 维托内：圣米歇尔教堂，里瓦罗洛卡纳韦塞

103. Vittone: Grignasco.

图 103. 维托内：格里尼亚斯科教堂

应于十字平面的复杂运动。这种将希腊十字臂膀设计为迷人光室的做法，后来以一种更大的尺度，出现在一座大型的教区教堂中，成为维托内对由光线和空间所围绕的竖向轴线意义最为壮观的解读。于 1742 年在布拉修建的圣基娅拉教堂规模虽小，但却很有说服力。教堂由一圆形和四个渗透其间的椭圆构成一希腊十字，但却与在科特朗索教堂一样，空间单元似乎为总体的空间连续性的一部分。内部看上去像高耸集中的"大厅"，位于光带之中的华盖居于主导地位。周边体系的设计同样借鉴了尤瓦拉设计的卡明教堂。

同一时期，维托内将类似的体系用在尼斯的圣加埃塔诺教堂和都灵的修道士教堂中，前者是由六个椭圆构成的纵向布局，后者的平面为一个六边形。所有这些作品都有独到的动态特征，表现出巴洛克的形象。

在后期的作品中，维托内用更为简单且更有控制力的方法来体现基本的设计思想。人们已经从为都灵的圣基娅拉教堂的第二次设计中觉察到了转变。在此教堂中，他没有采用半藏式的间接光线，而是在墙体上开了大型窗洞，墙体就像在限定的骨架元素之间延伸的薄膜。不过在下部区域，他保持了充分发展的双重界定。从论

105. *Vittone: Borgo d'Ale (plan).*
图 105. 维托内：阿莱镇教堂（平面）

106. *Vittone: Borgo d'Ale.*
图 106. 维托内：阿莱镇教堂
107. *Vittone: Borgo d'Ale.*
图 107. 维托内：阿莱镇教堂

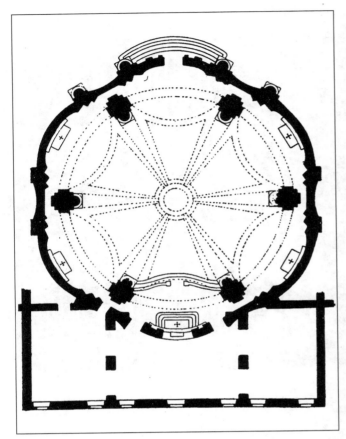

著《不同的说明》中可以肯定，艺术
家知晓作品中的这种质量，知道壁柱、
檐楣和拱券构成的骨架效果。在圣克
莱尔教堂中，空间的竖向连续性要比
之前建筑物中的更为明确，因为在希
腊十字臂膀上经过特别设计的宽大壁
柱，造成了一种突出的上升运动。人
们也许会说，这种设计想法似乎借鉴
了米开朗琪罗为圣乔瓦尼佛罗伦萨教
堂所做的设计。在里瓦罗洛 – 卡纳韦
塞也可以找到类似的设计，维托内在
设计中卓越地结合了后巴洛克和新古
典的特征。在格里尼亚斯科和阿莱镇
的两座壮观建筑物虽不那么古典，但
却具有简洁和独到的特征。两座建筑
物均为六边形，角度在其中表现为显
著的张力之线，特征性的自由"拱券"
嵌在空间之中，而拱券又将自身从跨
在宽大开口之上的拱顶下面解放出
来。格里尼亚斯科的主体部分的高度，
与环绕空间的檐部相互对应（这种手
法出现在维托内几乎所有的早期作品
中），而在阿莱镇中，建筑师复兴了
更为壮观的主次部分有别的古罗马体
系。[6] 两座建筑物都有双重限定的空
间；尤其引人注意的是，在阿莱镇的
作品中，为了表示对自己早期作品的
敬意，设计师在拱顶下部使用了"隐
藏"的窗户。主要拱券形成了完整的
圆形和规则系列的半圆空间，使建筑

物看上去像一圆形建筑，似乎就是后巴洛克式的万神庙。与多数新古典建筑相比，设计以一种更为令人信服的方式吸收了基本的古典原则。

从上述讨论中可以看到，维托内用少数基本设计母题产生了多种设计方法。出发点通常是竖向和集中的体量。所以，他设计的教堂不管是在乡村或城市环境中，都以真正的中心点出现，如同竖向轴线升起，在环境中表明水平延伸的起始点和目标。内部光室的叠加突出了这种印象。尽管集中性是居主导地位的总体特征，建筑物的下部通常表现出与波罗米尼作品中类似的波形运动，从而在内部空间和城市或乡村环境中建立一种和睦关系。

集中布局的主要基础是规则的六边形和希腊十字与八边形的结合。在这两种情况中，建筑周边的次要单元在视觉上和空间上统一起来，表现出一种连续的形式。维托内从未像瓜里尼那样，尝试对明确限定的空间或相互依存的空间进行成组的布局，而K·I·丁岑霍费尔于18世纪在发展这种成组布局方面，则比瓜里尼走得更远。尽管维托内的许多设计具有严格的几何逻辑关系，但空间元素在视觉上却形成了一个不可分割的整体。K·I·丁岑霍费尔用"开敞的"成组空间表现延伸，而维托内的空间则是

静态但在视觉上却是"开敞的"。[7] 在维托内的教堂中，次要区域并不用来创造空间，而只是作为一种光线背景，意在增加非物质化的效果。结构因而成为一种相当突出的骨架，墙体居于次要地位，成了逐渐被光线吞没的填充体。我们也可以认为，积极的下部人文结构和来自上部"天国"的光线，共同征服了无形的世界。

在维托内的设计中，竖向轴线具有特别重要的作用。[8] 上述分析说明，维托内是怎样运用瓜里尼似的轻盈空间区域的叠置，来强调竖向运动的。对瓦利诺托圣所，他有过这样的描述："内部为一层，由三个叠升的筒形拱顶覆盖，开敞的拱顶都有开口，站在下部的人可以在空间上游动视线，享受从隐藏的窗户射入的光线，欣赏从筒拱升至小圆顶的各种空间层次，欣赏在小圆顶出现的神圣的三位一体。"[9] 在后来的作品中，叠置和隐藏光线消失了，但竖向轴线总是保持了根本的重要性。

因此，维托内的教堂形式的基本母题是以竖向轴线为主导，沉浸在光线之中的集中布局。纵向轴线居于次要的地位，仅仅用于表明与环境的一种新关系。

从巴洛克关于中心一词的意义上看，维托内的教堂仍然是"中心"，

但它们并不像K·I·丁岑霍费尔成组开敞空间那样，以反改革的积极方式来延伸。

另外，维托内的教堂并不具有菲舍尔后期作品中那种古典的"宁静"。维托内的教堂保持了巴洛克的动态，但这种动态并没有17世纪建筑物中那种矫饰的情调。光线不是用来强调一种戏剧性的效果（像伯尔尼尼作品那样），而是成为一种抽象的手段，在同等抽象的建筑结构中显现具体形状。其驱动力显然是一种精神化的过程，通过半透明结构所表现出来的延伸显然不是要征服外部世界。

维托内的教堂只关注自身，成为真正的圣殿，即成为在不同精神世界中的中心，而并不在意自身也许已有的无限延伸。我们可以看到，他想回归到一种18世纪所特有的对更为初始存在的理解。当新古典主义建筑师以原始小屋作为设计原型时，维托内转向了更为实际和深刻的原型。他从巴洛克有关中心和延伸的概念中解放出来，表明了人们在现代世界的无限空间中怎样获得安全，一种真正且富有创意的启蒙是怎样以对传统的深刻理解为前提条件的。用罗伯特·文丘里的名言来讲，维托内的教堂表现了"困难的包容统一，而不是简单的排他统一"。[10]

欧洲的木构建筑

我总是记得小时候在木地板上玩耍的情景。宽宽的木板温暖友好，从其质感中看到了丰富和迷人的纹理和节疤。我也记得睡在圆木老墙旁时的舒服和安全，墙体并不是一个简单的平面，而是像具有活力的事物那样，有一种立体质量。我因此从视觉，触觉甚至嗅觉方面得到了满足，而这种满足是孩子在世界中应有的。

还有树！我坐在树荫下，看着透过丛叶的光线，感受到一种回复生气的环境，这种环境后来成为巨人的森林，罗宾汉和最后的莫希干人的森林。我记得在树间奔跑，爬上树搭建像鸟窝一样的小屋，想要离开地面，更接近天空！在那儿，童年是非常美妙的，心灵深处也同时留下了小屋的形象。这种形象数百年来都是北欧人建房的灵感源泉。

后来我知道了我的祖先是怎样体现这种灵感的。在木构教堂的内部，人们可以深深地感受到森林的神秘；细长的"杆件"像树木那样从地面升起，消失在上部的黑暗之中。这是北欧人存在于世的概念。这是一个可以强烈感受到自然力量的世界，一个基督的象征光线只能通过小小的孔洞进入的世界，就像北欧冬夜空中的星星。

在童年和青年时期有了这样的经历，人们就不难去体会哥特教堂，去感受西北欧那些由半木构架房屋形成的市镇。在这些地方，尽管在不同的光线下，人们也可以感受"透明"无限的森林空间，体会由细长竖向元素的重复和并置所产生的无穷的丰富形式。

然而，东北欧的"森林"洞穴也同样易于理解，如俄罗斯的圆木农宅和木构教堂。这里没有透明和清晰的骨架，而只有围合和扎于土中的结实。树木因而成了无处不在的具体事实，它环绕人们并为人们在森林和冻原未知延伸之中提供一个立足点。

自远古以来，北欧人就与树木有一种亲密的关系。原木的自然状态即作为树和森林以及作为建造材料决定了北欧人的世界概念。在他们眼中，世界是无边无际的树木，正如女预言者沃尔瓦（Volva）对主神奥丁讲的那样："我知道九个世界，九个由林木覆盖的球体，树木在智慧中竖起，向下延伸到大地的怀抱中。我知道有一棵叫伊格德拉修的梣树，树的顶端沐浴在湿润的白色雾气之中，露珠滴落到山谷之中。她永远常青，耸立在泉水之上。"

树木因此为北欧世界给出了结构，人的肢体也与树枝联系在一起。在住房内，他们要再造这种世界形象，或使住房结构与宇宙的组织相对应。一栋住房以这种或那种方式表达建造者对所处环境的理解，这种理解反映在人与给定的自然或建筑空间的特征相应的关系之中。世界形象意味着一个具有结构的世界，人们应当使其显现出来，从而获得一个存在的根基。考古学研究向人们展示了这种显现是如何在西北欧早期木构建筑中实现的。两根立柱构成了房屋的基本结构，柱子在顶部分叉，以承托横向脊梁，脊梁再支撑着两边的椽子。横梁和立柱结合之处叫作"gable"，这词后用来指山墙。根据语言学研究，两根立柱代表了支撑天体转动轴线的天柱。在中世纪德语中，这种立柱叫"Iminsul"，即支撑世界的"根本之柱"。[1] 大约在公元1000年时，圣加尔（Notkerof St. Gall）就明确讨论过这个概念，到了16世纪，这种象征意义仍然存在。德语把天柱称为"Gables"（Giebel，Kibel）可以证明这一点。世界因而被理解为一个木结构！

然而把早期住房解读为一种有意识的"象征世界"是错误的。住房主要是用来居住的，只不过人造结构可以被用作一种理解世界的手段。所以，根据对结构类似相关元素的理解，人们用自己的建设从概念上征服了自身所处的环境。其中房屋结构与环境之间关系的意义反应在语言中。例如"屋

脊"一词表示住房，也可以指狭长的高地。挪威语言中与之相对应的字是"as"，除了表示神灵之外，它也有这种双重含义。德语中的"First"表示屋脊，同时也指限定空间的边界（Forst）。它还与"Frist"一词相联系，"Frist"是指"没有骚乱的时期"，因而进一步与"Friede"即"和平"和"Umfriedung"即围合等词联系在一起。[2]

总体上看，这些词语充满了意义和价值，表明了北欧人是如何用具体的词语来构想自己的世界的。它们尤其表明了木头是人们日常生活的基本部分，以及在形成概念过程中所起的作用。

当我说"北欧人"时，我暗示了其他文化在概念形成中所走过的不同道路。例如，在古埃及的宇宙论中，世界是由交叉立柱所支撑的住房，不过屋顶是平的，由在四个角落上的柱子撑起。而在古希腊，从北方引入的结构体系成为山墙的一部分。然而，随着神庙的发展，动态的骨架特征让位于古典的平衡和巨石砌筑的特征。[3]在古罗马建筑中，古典"元素"只是被用来表现厚重的结构。不过，古代的象征意义在山墙或半圆饰面的神圣意义中得到共鸣。

在北欧，原初木构房屋的基本意义一直延续到今天。虽然，砖头和石块已成为基本的建筑材料，但带有山墙的住房形象却被保留下来。即使在今天，北欧孩子在画房子时，总会画上山墙。尽管用石量的增加，建筑物作为骨架结构的概念仍延续至今。我们因此可以公平地说，哥特大教堂不是用石头的方法建成的，而是用"不管石头"的方法建成的。木构原型的持久生命力要归功于自然环境的相对稳定，归功于木材在乡土建筑中的持续使用。因而直到19世纪，在瑞士、德国、法国、英国和南斯堪的纳维亚的环境中，半木构住房占据了主

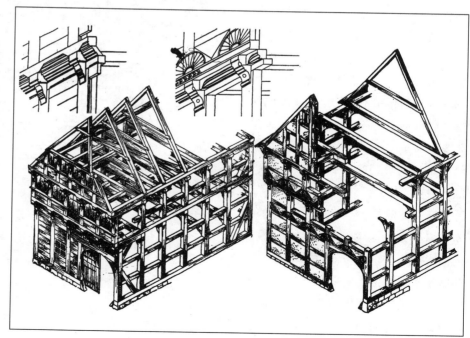

导地位。在今天的村落和农场中，人们仍然可以看到这些特征形象。欧洲的半木构住房特别有趣，它们在不同的地区表现为一种共同基调之上的变体。这些变体既表现了一个地方的独到特征，又没有失去那些基本的特征。[4]

我们已经提到过，还有第三种木构建筑的重要传统，它深刻地影响了欧洲乡土建筑的发展。这个传统就是圆木构建筑。[5]

在梁柱结构得到发展的西北欧地区，这种结构很难看到。圆木建筑主要在俄罗斯占有突出地位，从整体上决定了传统环境的特征，因为它不仅用于住房，而且用于桥梁、塔楼、城墙和教堂。俄罗斯的圆木结构传到了芬兰和斯堪的纳维亚。在中欧的山区中，也可以看到这种建筑。用圆木构建的住房不同于梁柱体系的住房。它从地上堆起，体量厚实，没有骨架，屋顶为檩条结构而不是椽子结构，从而表现为一种"树木洞穴"的形象。

所以北欧的乡土建筑建立在两种木构基础之上：梁柱结构和"厚重"的圆木结构。它们与不同的环境特征相联系。骨架结构出现在"开敞"明亮的森林地区，那里落叶树占据主导地位，而厚重的结构则出现在昏暗且

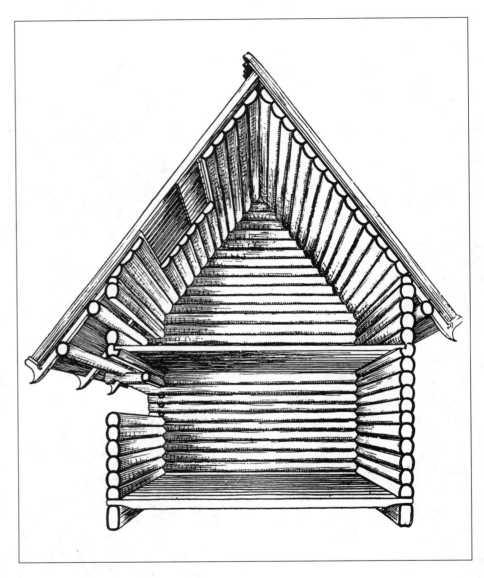

无边无际的针叶森林地区。在边界区域，它们以有趣的方式混合起来，从而产生了极为丰富和多样的环境。这种类型交错的情况出现在挪威，波希米亚、瑞士和奥地利的部分地区。从某种程度看，结构体系和特定的建筑类型相对应。所以早期的梁柱体系建筑为一很大"一统"的体量，人和动物生活在一个屋顶之下，而圆木房屋的尺寸往往受到木材长度的限制。当然，我们能看到很小的骨架型房屋和很大的圆木建筑。考察欧洲的木构建筑，应当研究结构体系和建筑类型及其不同组合所产生的"环境"。[6]

有必要在考察前指出，南欧也有木构房屋，北欧也有砖石住房。上述的讨论只是将总体的主导形象作为研究北欧建筑的出发点。这些形象也许与南北地区的不同环境相关：在北欧，岩石，山体和建筑出现在连续的植被背景中；而在贫瘠的南部，地貌形象成为背景，树木和小树林以相对孤立的"图形"出现。因此从存在的角度来看，我们可以谈论木头和砖石文化。

住房

在欧洲旅行时，人们可以看到许多种类的住房，它们以特征的形状和色彩点缀在环境中。例如，我们如

果沿着南北线，从阿尔卑斯山到挪威，就可以看到给人印象十分深刻的房屋：著名的瑞士农舍，伯尔尼区域中的大型农宅，黑森林区中的大屋顶住宅，德国中部如画的半木构住房，德国西北平原上壮观的厅式房宅，还有特征强烈的挪威住宅。这样的旅行应当以对挪威长板教堂的访问作为结束。尽管教堂不是住所，但却是木构建筑的最高成就，是理解其他木构建筑的一个关键。与此同时，它也为居住的概念给出了更为广泛的意义。

在考查木构住房时，还应当考虑建筑技术之外的另外两个决定住房的特征因素：功能的组织和基本的形式质量。在不同的情况中，这些因素也许有不同的分量。例如，黑森林住房的特性是由于屋顶的尺寸和形式，而挪威的住房则以对两层高的山墙进行形式 – 技术的表现为特征。不过，在所有的情况中，住房的特征在于其"存在于大地之上和天空之下"的特定方式。也就是说，这种特征是艺术方面的，而不仅仅是技术和功能方面的。这种艺术特征肯定与技术和功能相联系，而且还代表了人们在特定环境中对居住问题的回应，从而超越了房屋的技术和功能。要从存在根基的完整意义上来找到存在根基，人们必

须将给定的环境概念显现出来。这种显现是将人在大地上"存在"的方式具体体现在所建造的房屋之中，或更准确地说，体现在墙体之中：墙体是怎样站立在地面上的？又是如何升向天空的？

与其他住房相比，瑞士农舍是相当杰出的。[7]农舍那宽大且具有拥抱感的屋顶给人一种保护感，山墙面以夺目的排窗敞向太阳。围合和开敞因此出现在同一建筑中。其他住房也许有类似的情况，但却几乎没有像瑞士农舍那样表现出如此强烈且易于把握的形式。有人认为，农舍一词从"小城堡"这词发展而来，因而农舍带有城堡那种有力的形象。不过农舍的社会背景是完全不同的，它是自由农夫的居所，而不是君主的堡垒。我们都知道，瑞士是从绝对权力中解放出来的第一个国家。早在 13 世纪，一些坚定的农民就赢得了这种自由。在 19 世纪浪漫主义时期，当许多欧洲人在为获取同样权力而斗争时，瑞士以其鲜明的山地景象成为自由的普遍象征。显然，农舍体现了这些价值，一种"瑞士风格"的住房形式被传到了另一些国家。

瑞士农舍属于日耳曼的单一住房，即人和动物居于同一屋顶之下的住房。这些住房的内部通常有两个不

114. Simmenthal.
图 114. 西门塔尔

同的部分，壁炉大约位于中间的位置。人居部分为一组紧凑布置的房间，而动物棚厩和其他工作空间则沿着走廊或厅堂布置。厅堂横贯住房或沿由屋脊限定的中心轴线布置，因此产生了两种基本的功能类型。在德国南部和阿尔卑斯山国家，前种类型比较普遍，这与当地的狭长坡地地形有关。[8] "通常"的住房有朝南或东南的一组供人居住的房间，通常两层楼都有这样的房间，它们的背后有一厅堂，其后是"附属用房"，所有这些都在一个巨大的屋顶之下。

农舍通常都为这种布局。它与德国南部的单一住房的不同，首先在于其超长的宽度。农舍相当宽大的山墙令人印象深刻，而侧面墙体在形式上则不那么重要，因为陡峭的地形使住房难以在进深方向上发展。宽大的山墙不可能有很尖的屋顶，从而表现出"平缓"的特征。住房的总体特征因而是结实和紧贴大地的，为荒凉和起伏山地中的居民提供了一种保护和自信。实际上，同类的住房在此区域到处可见。房屋的层高相当适度，很少超过 2.2 米，这种设计突出了住房的主要特征。超常深远的屋顶出挑使农舍还具有一种"动感"。出檐部分由大型悬臂圆木托架支撑，突出地表现了结构。窗户虽小但却连续排列。这

些设计从整体上使住房有一种既围合又开放的特征。住房使用了圆木建构，但圆木墙体的体积感不像挪威圆木住房中的那么强烈。瑞士农舍的圆木墙体为相对平整和连续的表面，与伸展很长的墙体十分协调。为保持墙体的刚度，每5—6米就有一横向分隔墙体与其相接。它们略微出挑的圆木端头为硕大的山墙提供了节奏和尺度。

当人们从伯尔尼高地山区这个农舍的大本营向北行进时，住房的面貌很快发生了变化。在宽大的谷地山丘环境中，我们仍然可以看到大型的单一住房，不过布局和特征却不相同。[9]在埃默河谷，住宅的屋顶很大，为半四坡式，且坡度更陡。房子看上去像是体量巨大的实体，而不像山墙形的"屏幕"。在阿尔卑斯山的北部和东部的山丘地区，这种屋顶很普遍，与周围环境的特征十分协调。除了黑森林地区以外，其他地方的住宅都没有伯尔尼地区的住房那种雕塑般的质量。住房的内部布局与农舍相似，只是房间的进深更大一些，整个建筑物有一居主导地位的纵深方向。供人居住的前部通常是木构架形式。

作为一种形制，伯尔尼地区的大型住房的边上还有一个分开的较小的储藏建筑物，它有两层高，有一用圆木构筑的核心，楼上四周为出挑的阳

台。建筑物的形状因此很接近挪威的储藏用房。不过，瑞士住房有其独到特征。因此我们再次看到巨大出挑的两坡和半四坡屋顶，装饰元素把挑台和次要部分变成轻快，通透，和华丽的屏幕，表现出对画一般美丽的热爱。

在德国南部的黑森林，瑞士边界的北部，我们可以看到中欧单一住房的第三种优秀实例。[10] 黑森林也是多山丘的区域，住房也有巨大的半四坡和四坡屋顶，不过特征却和瑞士的很不相同。房屋的布局更为自由一些，人居部分的建筑形象并没有伯尔尼地区住房中那种强调对称和"雄伟"的山墙。房屋的构造也不相同，使用了一些较为原始的柱子–楼板结构。在宽大深远的挑檐下，挑台，入口和窗户呈不规则的排列。建筑给人总体的印象是，复杂的内部与周围环境积极对应，统一在环绕的屋顶之下。有力的形象和自由的形式使得黑森林住房成为乡土建筑中真正的伟大成就之一。

我们已经提到过日耳曼国家中最为典型的单一住房和下萨克森地区的厅堂住房。[11] 凡是到过奥尔登堡的威斯特法伦州和尼德兰北部的人，都会记得令人印象深刻的大型农家住房及其所环抱的宽大延伸的自然环境。成组的树林围绕圆木屋脊和屋顶，住房

看上去像是人工山丘，成为一种环境结构。它们加长的形式因此很有意义，应该与前述的具有不同特征屋顶的南部住房加以比较。首先，下德国住房有明显的轴线和规则的木构架，表现出一种正交的空间组织，而这在南部住房中是没有的。事实上在尼德兰，住房的空间组织反映了自然环境的自身结构：田野和运河构成了一种正交网格。

在下萨克森区，典型的厅堂住房中部有一宽敞的大厅（Dale）。它位于横向的棚厩之间，与带有三面侧廊且由梁柱体系构成的中部"大殿"相对应。"Dale"是"谷地"的意思，表明它把房间集聚在自身的周围。大厅从山墙上的大门开始，在另外一面山墙之后的人居部分之前结束。大厅的端部是传统的开敞壁炉，通常与被称为铺地的"耳堂"相连。清爽壮观的设计，注重功能实效的空间，从整体上表现了高度发展的农家文化。

下萨克森区的厅堂住房有几种不同形式。在比较简单而且古老的一类中，厅堂穿越了整个住房。壁炉设在山墙之内，小卧室位于横向侧廊一边，与棚厩部分相接。在另外一些形式中，情况正好相反，对功能进一步细分的要求，产生了大厅和耳堂之间的墙体，耳堂成了宽敞的厨房。一种特别的形式就是所谓的厅房（Gulfhaus）。住房中，居室和棚厩围绕作为中厅的仓库布置。这种布局产生了近乎正方的建筑物，厅堂四角的四根主要柱子支撑起高大的四锥体屋顶。这类住房在弗里斯兰比较普遍。

在德国西北部的厅堂住房中，外墙通常为木构骨架。如果我们进一步向东南旅行，就会看到，半木构住房占据了主导地位，同时类型也发生了变化。德国的中部农场没有大型的单一住房。那里的住房通常是分开的三座房子：人居处、棚厩和仓库，它们围绕马蹄形院落布置。[12] 院落的第四面通常是一带有主要入口的墙体。每一座房屋因此较小，很容易用木构骨架技术建成。主要房屋的山墙通常面向街道，但入口却在侧边的院落墙上。尽管作为一种规则，不同的单一住房相对分开布置，甚至是完全的孤立，中部德意志农场却自然地属于一种密集组团的村落。住房的院落成了从外部公共空间到私密居住世界的转折。这方面的实例可以在普法尔茨州、黑森州、图林根州和弗兰肯一些区域中看到。

113

德国中部农宅的半城市特征自然地引出了对同一地区中的半木构连栋房的讨论。[13] 中欧带有山墙的连栋房无疑是木构建筑中最有特点且给人印象最深的。很可惜，一些最优秀的实例在第二次世界大战中被毁。不过，在一些小的城镇中，如策勒、艾因巴克、戈斯拉尔和沃尔芬比特尔，建筑连同丰富的环境依然保存完好。在中世纪的城市中，土地紧缺也很昂贵，人们通常在深而狭长的地块上建造房屋。这种情况使环境产生了显著的竖向发展。例如，在希尔德斯海姆著名的屠宰行业大厦（建于 1529 年，毁于 1945 年），就有 6 层高，再加上其上的双层阁楼。建筑的山面通常朝向街道，多层出挑的结构产生了生动感人的形象。半木构住房使市镇产生了统一和多变的特征。几乎没有两栋房子是相同的，但它们仍属于"同一家庭"。建筑的变化主要体现在木构架的表现形式和窗户的细部设计上。在北部，房屋的墙面通常相对简单和平整，而再向南一点，住房形式则活泼一些，陡峭的山墙，角楼和凸肚窗构成了如画的形象。在今天看来，有一个事实很清楚，那就是市镇和乡村的住房源于同根。城市住房的布局可以理解为乡村住房的调整和发展。

人们必须过海，才能到达挪威。

122. Gulfhaus, Holstein.
图 122. 农家房，荷斯坦

123. "Romantic" timberframe houses, Central Germany.
图 123. "浪漫的" 木构住宅，德国中部

124. German gabled houses in a town street.
图 124. 小镇街上的德国式山墙住宅

图 125. 挪威黑达尔，哈尔德斯达（Harildstad）
农场

挪威与欧洲大陆分开，其乡土建筑有
着自身的独立性和原创性。只有在沿
海城市，人们才可以看到明显的外来
影响。例如，原先卑尔根的汉萨提克
镇，就有"德国式"的山墙住房，尽
管它们带有封檐板；而沿南部海岸的
住房则表现出英国的形式。真正的挪
威乡土建筑出现在深入山区的狭长的
谷地之中。每一谷地都有自身的特征，
不过基本的建筑类型是相同的。[14] 然
而从技术上看，从东部到西部出现了
很大而且有趣的变化。在挪威东部的
大片森林地带，住房是从俄罗斯借鉴
而来的相对原始的圆木结构，几乎没
有添加任何骨架成分。然而，沿着西
海岸狭长的峡湾和流域，住房通常都
有一种被称为"狭板构造"的梁柱体
系。在中部的山区中，例如在塞特河
谷、泰勒马克、尼默谷和居德布兰河
谷，人们不仅可以看到圆木和狭板构
造的住房，而且可以看到这两种构
造结合的特别有趣的实例。基本的技
术与不同的屋顶结构同时出现。东部
的圆木住房出现了檩式屋顶，而西
部的狭板结构却有着椽式屋顶，中
部的结合技术则表现在脊梁和椽式
屋顶中。[15]

　　挪威的农场通常由很多小体量的
建筑物构成，尽管早期在一些地区中
也出现过大型的一统住房。这些小体

量建筑在不同的地区，以不同的方式
组成了围合结构。在西部，是不规则
的团块，在中部，是开敞的行列和组
团，而在东部，则出现了规则封闭的
广场。这些类型与欧洲大陆的类似构
成相对应。在建筑物中，住房（Stue）
和仓库（Loft 或 Stabbur）是最重要的。
与上述的各种德国的大型一统住房相
比，它们并没有巨大的尺度和宏大的
屋顶，而是以极其丰富的形式处理和
精湛的技艺给人以深刻的印象。这种
建筑质量根据建筑的不同属性，以不
同的方式表现在住房和仓库中。

　　住房基本上是内向的，因为挪威
漫长的冬天需要温暖和围合的住所，
以把严酷的环境挡在室外。住房由厚
实的圆木构成，与外部的联系只是通
过少量小面积的窗户，或是最初只通
过屋顶的出烟口。出烟口与起居室
中宽大的壁炉相对应（顺便提一下，
"Stue"这词与英语中的炉子有关系，
它表明住宅是被加热过的地方）。住
房中的主要房间用于做厨，用餐和睡
觉，沿墙建有固定和典型的家具。在
17世纪中，大多数地区的房屋出现了
烟囱，不过家具的基本布局延续下来。
紧挨着起居室是两间小些的房间：寝
室和进厅。这种"三间房"的布局全
国到处都有，与建筑技术的变化没有
关系。在侧墙入口之前，通常有一由

131. Stavkirke at Heddal, Norway.
图 131. 立柱教堂，挪威黑达尔

细长板条建成的半敞门廊（Sval），它既实用也是到院落和内部的过渡。室内的特征首先是由特别的装饰决定的。在 18 世纪时，人们通常用强烈的色彩在墙上和顶棚上描绘花卉图案。这些"玫瑰画"将室内变为一个人工花园，令人信服地解决了漫长黑暗冬天的问题。在色彩强烈和带有壁炉的内部，早期挪威人找到了存在的根基，满足了居住的需要。

从很多方面看，仓库与住房正好相反。仓库并没有那种拥抱大地和封闭围合的形象，而是显得外向，在农场建筑中骄傲地升起。它那装饰丰富和高为两层立面表现了一种符号，而事实上，仓库是农场的宝库。一楼是储藏食物，二楼用来存放衣服和有价值的物品。建筑物因此表现了这样一种意义：从日常艰苦劳动中获得的回报。早在中世纪，这种由出挑的阳台环绕二层的基本形式就得到了充分的发展。一些 13 世纪时期建造的房屋依然健在。其后的最重要的创新出现在 18 世纪初期，房屋通常建在树桩上面，同时也出现了双层的山墙主立面。如何设计这个主立面，成了建造挪威木构架住房的流动工匠们的主要问题。相同的基本母题衍生出许多地方变体，这使得仓库建筑具有迷人的丰富性。排在细长板块教堂建筑之后，

120

仓库建筑代表了斯堪的纳维亚木建筑的最高成就。细长板块教堂建筑在历史上的时间不长，而人们至今仍在建造仓库。

细长板块教堂以其出现的年代和艺术质量而在欧洲木建筑中占有一种独特的地位。[16] 它们的内部和外部都很迷人，而且可以让人作出许多"解读"。虽然人们长期拒绝东方关于叠加屋顶的理论，但却仍然争论这种结构究竟是代表了早期北欧建筑的建筑技术发展，还是一种"从石头巴西利卡到木头巴西利卡的转变"。细长板块教堂的木结构非常出色，看上去不像是"转变"。早期基督教巴西利卡从空间和结构上都是一个"整块"的机体，而教堂则是那种中世纪时在西北欧占主导地位的骨架梁柱结构。源自木构建筑原型的一些基本设计重新出现在细长板块教堂中，例如法兰西式的墙体拱廊，X 形斜撑和高侧窗的叠加。这些古老的元素与教堂中带有独立柱子的中殿墙体的组织相对应。尽管教堂中有明显的巴西利卡这种基本型制，也有由石质演变而来的细部，但其中的主要元素如叠加的山墙，陡峭的屋顶，开间的划分，通透的空间却是北欧木构传统中的基本部分。

大约在 1200 年，细长板块教堂发展得相当成熟：独立的内部柱子或

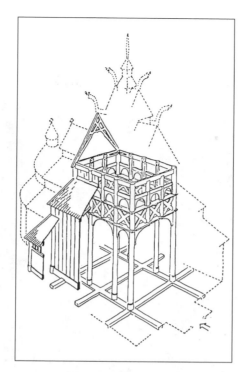

132. Frame of the Stavkirke of Gol.
图 132. 戈尔立柱教堂的构架
133. Stavkirke at Heddal.
图 133. 立柱教堂，挪威黑达尔

"桅杆"体系限定了高大的中部空间，成为教堂的特征。这些柱子由地面之下的矩形底部木构体系支撑，而木构体系的交叉点又由大块石头托住，从交叉点上升起的四根柱子承受了上部结构的全部重量。横梁架在底部木构体系的端头，形成外部墙体的基础。外墙也为竖向细长板块结构，与仓库建筑中上层阳台的设计十分相像。结构中那些次要的构件，如内部拱廊和交叉斜撑之上的横向联系梁，使结构

获得了刚度。屋架是刚性的，无须任何横向受拉构件。

　　与上述的厅堂结构相对照的是，在大型的细长板块教堂中，出现了巴西利卡式剖面。通常来看，巴西利卡剖面的"发明"是为了用高侧窗来解决中部高大空间的照明问题。在教堂中，这种实用的手法与基督圣光的象征结合起来。然而，在细长板块教堂中，由于中殿墙体的上部只开有小小的孔洞，上部空间仍然是昏暗的。在其中参加过弥撒的人都体会到这种昏暗，它与用蜡烛照明的下部空间形成对比。当我获得这种经历时，我立刻想到了"黑暗光线"这个奇特的词语。如果把这种内部昏暗的空间，看成是南部巴西利卡的"内翻"也许并不过分。北欧国家中的人与光的关系与南欧地区的完全不同。在北欧，光线从来就不直接来自上部，甚至在夏天，太阳也是低矮的，投下长长的影子。总体的光线要比强烈集中的光线重要得多。到了冬天，黑暗占据主导地位，大地之上的天空是真正北欧式的：带有闪烁星星的黑暗天空。从这种冬令的天空中，北欧人感到了神性力量的存在，并把这种具有存在意义的力量形象表现在教堂之中。

现代

贝伦斯住宅

住宅

贝伦斯（Peter Behrens）的住宅像一连栋房在树林中升起。陡直的帐篷式屋顶突出了专一的体量，竖向彩条的设计强调了向上的运动。这些彩条还从结实的体块变成振动的线条。住宅给人的第一印象是结实而富有活力，使人联想到小城堡的形象。我们也许可以矛盾地说，形式既静又动。然而这正是艺术作品统一对立物的能力。住宅的设计给人一种克制但又活跃的感觉：结实的稳健和奔腾的竖向。住宅的细部处理表现了这种双重特征。连续的基座和曲线山墙及气窗的活泼轮廓形成对比。凸窗和凹墙暗示了一种横向运动，使建筑体量与周围环境相互作用。外部最引人注目的特征是线条的设计。在中性的背景上，设计者用红色条纹和绿色玻璃砖限定转角、檐口、开口和山墙，使整个体量产生一种张力。这些线条的色彩和运动都很重要，它们构成了横向与竖向的平衡体系，表现了上升与下降的相互作用。色彩使住房与周围土地和植被的联系更为直接。绿色砖块的本身也仿佛"接收"了阳光。正是这种线条设计使住宅具有诗一般的质量，为总体上的传统布局增添了惊喜和迷人的成分。住宅因此统一了已知和未知的对立物。它似乎同时既"旧"又"新"。

绿色线条首先被用来限定主要体量的转角部分。不过，这些转角的形状并不像古典的转角那么结实。竖向凹槽的设计使壁柱似的元素变成具有哥特质量的成组肋线。在转角处，圆形和表面平滑的柱子升起，精确地划定了体量的轮廓。窄平的表面成为曲线深凹槽之间的过渡，凹槽的阴影衬托出两侧的细柱。不过内侧的细柱用专门设计的曲折砖块砌成，因此并不平滑。这样的设计处理因此产生了"激活"墙体表面的情绪不安的运动。同样，抖动的线条重复出现在窗框和门框周边的墙体上。

在原先的设计中，主要窗户的窗棂是曲线形的，以使其周边的细柱活力质量发展成一种半有机的形制。今天，人们只能在入口处看到这种最初的设计。尖顶山墙和气窗也是由类似的曲折砖块勾画出来的，表现了体量在升向天空运动中的终结。入口的巨大山墙特别有趣，是整个外部最为引人注目的设计母题形象。山墙上的成组绿色曲线限定且统一了两个相互叠加的大窗户。成组线条一直向上，形成曲线尖拱。一竖向条带从拱尖上升起，与山墙结合为一体。山墙上延续了用于限定建筑体量且相当"古典"的红砖檐口。这样，绿色和红色砖块被统一起来，两种富有特征的材料被

统一起来。山墙本身的形式也特别有趣，它采用了两折且顶部为钝角的三角形，从而与其他的设计曲线不同。这种围合的"姿态"回应了下部曲线的上升。不过，也可以用托起山墙的绿色束柱来解释山墙的构图：两侧向上的运动在中部得到了统一，并且向下伸开，拥抱窗户（原先设计的上部窗户的划分，表现了一种向上和呈扇形展开的运动）。整个山墙中所有的内在张力被统一起来，形成一种最富表现力的整体。

紧靠山墙的入口设计并没有类似的上升和下降的运动。作为墙体上的开洞，入口向内凹进，两侧曲线束柱沿纵深排列。这种凹进与上部同样用束柱划分的凸窗形成一种对应关系。入口两侧的红砖设计是一个重要的细部，它有力地掌控了凹凸运动。总体上看，入口的设计采用了外部已有的元素，并把它们进行减缩，以表达穿透的功能。需要补充说明的是，入口两侧的墩子引入了基本的设计母题：红砖的结实体量与绿色线条的振动相互渗透，再加上富有动态形状的顶部（这些墩子与烟囱相呼应，表现出基本元素之间的相互作用）。在栅栏入口和住宅之间有一八边形平台，限定平台的低矮墙体沿两侧台阶延伸。空间看上去像是孤立的，但同时又是联

系的。这种"桥梁"关系限定了建筑与周围的关系，形成了小城堡的形象。

服务入口的墙体富有创意地表现了建筑底部在住宅体量中上升的特征。入口由双重绿色束柱限定，这种处理重复出现在上部的窗户设计中，造成了一种结实与渗透的模糊效果。为缓解这种上升的模糊性，建筑师设计了一曲线大山墙，以使整个造型自由升向天空。在住宅外部，还没有其他任何一处的竖向运动像这样强烈，它不仅切断了主要檐口，而且山墙上还有呈辐射状的"太阳窗"从断开檐口的两端之间向上升起。向上运动的山墙和底层窗顶的一平直带状饰形成对比。带状饰中刻有格言："我的住所坚定地立于劫乱的世界之中。"墙体的设计成功地表现了这句格言！

住宅的花园立面给人不同的深刻印象。底层用红砖墩子划分，墩子又在形式上与通往下部花园的楼梯相连接。墩子产生了一种骨架效果，中间的墙体为填充物，表现了内部与外部之间的过渡。西南角的柱子呈倾斜状，而且特别粗壮，使立面的底部带有一种"粗琢"的味道。上部楼层墙上的大窗呈规则的排列，它们的两侧是由曲线砖块构成的条带，造成了一种规则有序的效果。位于红色壁柱上面的

横向檐口醒目突出,完成了结实而"开敞"的构架。在顶部,两个曲拱形的气窗与其他立面上的张力相呼应。

从上面的描述来看,同样设计母题的变体被用于不同的立面设计。设计母题中的片段以不同的方式组合在一起,产生了使人惊喜,富有魅力的有序综合。整个外部设计表现了一种复杂的水平和竖向运动的相互作用。设计所产生的与环境的微妙关系,需要人们去解读。不过,让我们先来看看住宅的内部。

入口大门为进入内部做好了准备。深色铁件上的镀金铜饰浓缩了由两侧曲折束柱所暗示的充满活力的特征。装饰颇有气势地向上升至由半透明玻璃制成的程式化太阳母题,其中配有光亮的水晶石。丰富、壮观、感人的装饰效果可以用德语中的 Feierlich 一词来形容。人们所感觉的是要进入一个圣所,而不是小城堡。大门位于外部和内部的会合之处,其上的金色装饰光线与水晶石一起,以一种抽象的形制出现。大门因此成为重要转折发生的开端(由于门是金属的,所以能在战争破坏中幸存下来,但光亮的水晶石却没有了。现在只是用简单却没有意义的划分取代了水晶石饰)。

内部空间的布局不会立刻就引起

137. Plan (drawing by Behrens).
图 137. 平面图（贝伦斯绘制）

人们的兴趣，因为它像外部的主要形状那样是"已知的"。房间以很常规的方式排列在一起。然而由于不同的细部设计，每个房间都有其独到的特征或气氛。

在建筑历史中，几乎没有其他的住房设计的深度达到了类似的水平。贝伦斯不仅设计了墙体、地面、顶棚和家具，而且还特别设计了门把手、吊灯、帘子、盘子、茶杯、玻璃杯、叉子、勺子和刀具。贝伦斯甚至还设计了从斯图加特的希德梅尔琴店订购的一架三角大钢琴。这里有必要指出，相同的设计母题的变体产生了不同的特征。相互联系的装饰设计在各处重复出现，而且和外部的形式母题相互联系。

入口的马赛克地砖铺面令人注目。几何和"有机"图案围绕发光的中心相互交织，与入口大门装饰相呼应，也为音乐房间的视觉和谐做了准备。几何图案在此占据了主导地位，呈现一幅发自中心的光源射线图案。主要大门、地面、顶棚、家具和帘子都出现了与之相关的图案。在通往餐厅入口的两侧大块马赛克墙面上，也出现了与这种基本母题有关的图案。图案为程式化的高大女子形象，她们手中持有辐射状的水晶石。巨大的独立枝形吊灯的设计也十分类似，给人

128

一种吊灯被持有的印象。具有雕塑感的三角大钢琴也突出了辐射的母题，琴盖的翅形图案使人产生"有机"的联想。钢琴后面是一较浅的壁龛，其中挂有房间中唯一的自然主义元素：贝伦斯作于 1897 年的画作《梦》。画中描绘了一位年轻的男子睡在地上，一位身体稍有遮盖的女子站在他的前面。程式化的树木形成边框，将人像放在宽阔的大海之前。钢琴和这幅画显然是房间的焦点。空间并不很大，约 6 米见方，在老旧的黑白照片上显得有点压抑。不过大部分墙体，尤其是转角处，都是由类似镜子的蓝色玻璃构成，因此当人们身临其境时，就会看到一种神秘延伸的实际效果。这是一个拥抱画中人物和倾听者的空间，是一个听觉和视觉振动的无限空间（在贝伦斯绘制的剖面图中，音乐室的地面比首层的其他房间都低，而顶棚则比其他房间都高）。

音乐室边上的餐厅设计显得比较放松。房间全为白色，具有一种典雅和欢乐的气氛。闪亮的马赛克地面，曲线的顶棚，带有镜面的高大凸窗形成了开敞、活泼和开心的特征。室内的自然光线和绿色植物，在某种程度上使房间接近了自然。房间到处可见同样的几何图案设计，包括枝形吊灯和瓷器餐具。椅子的设计特别有趣，

129

140. Entrance.
图 140. 入口

141. Bay-window of the library.
图 141. 书房的凸窗

142. Gable above the kitchen door.
图 142. 厨房门上的山墙

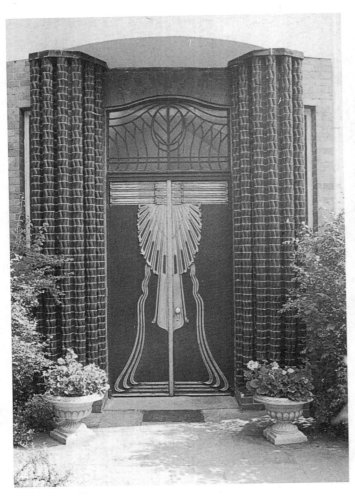

143. Detail of main gable.
图 143. 主要山墙的细部
144. The house at its inauguration, 1901.
图 144. 竣工仪式上的住宅，1901 年

它们基本相似，但男士的椅子以竖向立起为特征，而女士的座椅则宽大一些，暗示了一种环抱姿态。

首层的第三个房间为女士的起居室，它表现出另一种特征。木制品和纺织品的大量运用营造了一种舒适的气氛。基本的设计母题也同样出现了多种变体。椭圆在此是发生元素，引起了与女性相关的影响。椭圆在门和家具上表现为雕塑般的体积，在地毯、窗帘盒、沙发上则是平面的图案。从总体上看，女士起居室是温暖、情感和秩序的结合（许多橱柜表现了神秘的收藏，又给人干净整洁的印象！）

楼上的房间也力图表现类似的个性特征。女主人的卧室重复了女士起居室的元素：许多木制品和纺织品。房间中还到处使用了一种装饰母题：一个周边带有四"点"的圆形，圆周线呈双 S 形线，离心的图案由此延伸。起居室自身的椭圆形，音乐室的水晶形状，餐厅中的镜面形状以及双向曲线的山墙立面都与这个母题相关。主人卧室的设计更为引人注目。水晶和射线以更简洁的形式再次出现，在木质元素中以三角形出现，以附加的集束金属条形象出现（在两个卧室中，甚至盥洗盆和其上的镜子也成了装饰体系的一部分）。书房和画室是楼上的两个主要房间。两房相连，似乎表

131

现了贝伦斯本人智力和艺术活动特征之间的密切联系。两室相通不仅仅为了使用上的方便，贯穿两室的地毯设计表明了这一点。地毯的设计结合了房间的室内陈设，其上的图案为几何和有机母题的结合。

书房是室内整体设计的杰作。书架的边框以优雅的曲线向上升起，在顶棚处以托架形式结束。这样的设计也许可以被描述为几何和有机元素的宁静和谐的统一。中心母题因而结合了椭圆和矩形。运动从这里向两边延伸。在写字台和椅子的设计中也可以看到同样的放松和统一，它们与凸形肚窗一起标示了房间的横向轴线，使建筑的内部和外部联系起来。

画室是住宅中最高的房间。房间的顶棚设计为"骨架"形式，是住房中几何母题的最后一个简化了的变体。顶棚还进一步表现了竖向的开敞。顶部为尖形的大窗中，曲线和扇形的窗棂与总体的开敞气氛相呼应。在这个"具有可能性的空间"中，画作被用来表现大地上的生活。

阁楼的房间设计偏重"质朴"。冷杉木饰占据了墙体的大部分表面，以木质来表现基本的母题。从窗户射入的光线照在装饰的窗帘上，添加了"自然"的气氛。地下室的厨房设计以青春特征为总体框架，重复了"有

机"母题的变体。

贝伦斯住宅设计的构图富于变化但又整体统一。空间布局相当传统，但却与设计形式密切相关。

紧贴大地的厚重与竖向愿望的结合产生了主体形状的特征。这种结合又在装饰中以"无穷"的变体重复出现。

一些房间，尤其是入口的内部和外部空间的相互联系都与空间的特征相对应。绿色线条和红色砖面勾画出外部元素，在中性的背景上形成了一个富有表现的"图形"。绿色线条富于动感和振动，而红色条带和块面则表现了静态的结实。红色元素似乎是静止的，而绿色元素则是上升的。不过，红色的檐口是由墙体而不是绿色的束柱来支撑的。绿色线条因而使得体量更有生命力。在山墙和气窗的双重曲线轮廓中尤其明显。运动的绿色元素进一步体现了装饰的几何和有机特征。装饰的主题在入口处以最完整和富有的形式表现出来，为内部设计母题的"变体"做好了准备。装饰的特征根据房间的用途调整，不同的功能同时又表现了一个整体的不同方面。内部空间因此区分和"解释"了外部的主要设计母题。外部形式大而简洁并包含了复合的元素，它们在室内分解和重组，形成了独有的特征。

147. Music room.
图 147. 乐房

148. Dining room.
图 148. 餐厅

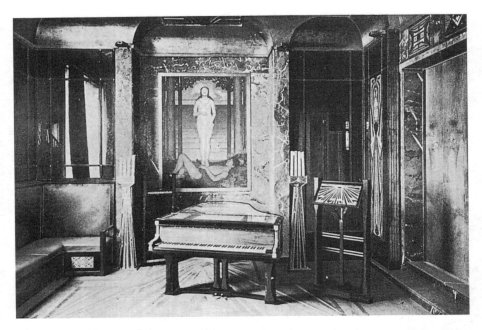

从总体上看，住宅的主要形状可以被解读为"尖形晶体"：形状既有实体，又有通体晶亮透明。

住宅是艺术品

上述分析表明，住宅的构图意义不仅仅是使形式杰出。那么作品传达了什么信息呢？贝伦斯本人给出了线索："所有属于生活的事物都应该表现出美丽。"贝伦斯在自己的住宅设计中实现了这个目的。作为居所，住房显然"属于生活"。然而，他是怎样在设计中表现美丽的呢？我们从上述的分析中可以看到，住房所提供的生活与更为广泛的现象相互联系。例如，餐厅就不只是一个方便的用餐之处，而是具有用餐所需要的合适"气氛"，然而通过设计来控制光线、色彩、装饰和开敞程度可以获得这种气氛。用餐因此成为相互关联的复合整体的一部分，从而显出了自身的"意义"。当建筑作品将这个意义揭示出来时，优美就在其中了。从更广的意义上看，我们可以认为，任何现象都与其他现象的"世界"相联系，艺术作品则展示了这种情况。

什么是贝伦斯住宅的世界？总的来看，住宅外部并不描绘任何东西，也不像内部房间那样满足具体的实际要求。然而，外部却"保护"了

149. Wife's drawing room.
图 149. 夫人休息室

150. Library.
图 150. 书房

内部的房间，门窗都是住宅中常见的形制。这个世界可以被解释为这些功能的"总和"吗？难道住房在林木中的升起和站立没有告诉人们更多的东西吗？例如，绿色元素、红砖、S形曲线山墙是什么"目的"？也许嵌在外墙上的格言是解读外部的线索。格言显然表达了稳定和保护的意愿。不过仅仅把房子简单建成结实的石块体量并不能达到这种愿望。住房那集中式的塔楼般形状展现了"坚固的"特征，成为空间中的一个实体和一条竖向轴线，因而可以作为一个"存在的中心"。住房的基本形状有助于认同和归属。当然，这座塔楼并不具有堡垒那种坚不可摧的质量。建筑的细部处理表现了与环境的相互作用：红砖使人想到泥土和石头的质量，绿色条带不仅与周围的植被呼应，而且还使阳光显现为闪烁的线条。红色檐口无疑表现了结实，而曲线拱则使体量向天空溶解。"坚实"在此明显包含了许多似乎矛盾的现象。住宅坚实地站立在自然的世界中，而不是把世界关在外边。理解（Understand）成为站在之下，即站在其中，成为一部分。住宅的外部形象表明，这样的理解首先意味着一种与大地和天空的特别关系。住房坚实地立于红色基座之上，但并不像有些住房那样与地面结合为

152. Wife's bedroom.
图 152. 夫人卧室

一体。住宅的四个里面具有不同的站立形式。始于围栏入口的连接平台，使入口立面呈现"岛中城堡"的形象（今天仍可感到似有一条护河存在），花台和斜角壁柱表现出从大地中长出的质朴。东立面的竖向条带似乎从属于周围的树木（数个烟囱，加上具有浪漫情调的屋顶平台）。服务入口的立面表现出一种特别强烈的紧接大地和向上力量之间的对比。红砖高高升起，托住并"坚固"了嵌在立面上的格言。立面上部的檐口断开（其他立面的檐口设计都是连续的），为曲线山墙中的体量溶解做了准备。这种形式力量之间的明显相互作用出现在楼梯间之前并不是随意的，因为楼梯间表现了内部空间的升起。在音乐房间和其上的画室的外部墙体设计中，大地和天空之间的张力表现得特别有趣。红绿元素在山墙上向上升动又保持安静的结合为一个整体，使人联想到墙体背后的"内容"：艺术是天地之间相互作用的合成体现。山墙在此并不表现一种具体的运动，而是显现了象征的会合。

我们可以认为，住宅外部设计表现了对环境的理解，更为准确点说，是对地点的总体和特定方面的理解。这种理解与在外部立面上显现出来的内部空间相互联系。墙体因而成为内外两个王国的会合。

红砖表现了大地的静态和结实。大地可以被理解为带有曲率的基本实体。天上是虚空的，光线表现为射线。入口大门统一了这些现象。上部的直射线在接近地面时变成了美丽的曲线。这种"会合"集中在门上玻璃的椭圆中，与镶嵌的"宝石"射出的光线相互渗透。当我们将这个设计与内部的房间联系起来时，就可以明确地看清设计意图（变体因此"说明"了母题）。

曲线显然是一种阴性的元素，不论是蛋的形状，还是呈波形运动。直型光线肯定是阳性的。在此使人联想到古代大地和天空的象征关系。贝伦斯的新颖之处在于处理两种基本现象之间的互动，使它们的出现并不孤立，因为每一个房间都有这种会合。例如在餐厅，室内总体亮度的改变，椭圆曲线的伸展而形成尖形镜片的元素。这个元素出现在地面上，出现在顶棚中，房门上，橱柜中，甚至椅子背上。在妇人化妆室，椭圆与正交的形制相结合，位于中心的椭圆使图形产生运动感。在女主人的卧室中，圆形和直线相互穿插，形成一种真正的综合。圆的"完整"形式在四个轴线上被拉伸，形成"双 S 形线脚"。这种合成的母题出现在房间中的所有元素

中。然而，在男主人的卧室中却看不到女性般的曲线。只是在床边的一装饰板上，才能看到一种微弱的共鸣。而书房的设计则表现了基本元素的特别优美的综合，正如我们之前描述过的那样。智力和艺术作品被理解为生长于实际生活，而不是完全依赖于来自上部的光亮。不过，我们应当如何理解音乐房间中的"抽象"几何形式和"无限的"空间呢？乍看上去，几乎看不到女性元素，但实际上与其他地方相比，房间中的晶体和辐射图形更为有力和突出。整个空间似乎在网络中振动，甚至带上了通向餐厅之门的两个女性形象。作为最抽象的艺术，音乐获得了适合的构架。音乐没有明确的形体，其空间没有重力（尽管有上下之别）。闭上眼睛，我们跟着节奏走，沉浸在"梦想的世界中"。然而在这个世界中，日常事务重新出现，揭示其属性的隐含方面。贝伦斯的画作《梦》暗指了这个过程，从而形成一个有意义的中心。它不仅是音乐房间的中心，也是整个住宅的中心。

晶体母题在整体构图中起着主导作用。贝伦斯本人再次为理解这个母题提供了线索。1901 年 5 月 15 日，贝伦斯为第一次艺术家营地展览开幕设计了仪式，仪式在为大型水晶揭幕时达到了高潮。这个水晶体被理

解为"新生活的象征"。下面是当时对开幕式的描述："就像煤尘被转化为纯净那样，就像钻石的壮观晶体由自然力量塑成那样，艺术和节奏的形式的力量可以净化自然无形的生活"。难怪贝伦斯把水晶体作为自己的中心母题。在其后的 20 年中，晶体不断出现在表现主义建筑师的作品中。《激变》杂志主编 H·T·维德费尔德（Hendrikus Theodorus Wijdeveld）写道："晶体质量在于从外部形式的块面中展现其内部核心。"晶体可以显示普遍的秩序，但并不表明这种秩序在所有的地方的价值都相等。在古典的南方，晶体就不像在浪漫的北方那么合适。古典建筑建立在简单的体量之上，如立方体、半圆体、柱体、圆锥体和方锥体，而晶体的复杂形式与哥特形式相关。从自然光线的不同质量，我们可以看到这一点。古典建筑的简单形体更适合在南部强烈的光影下表现出来，而晶体的块面则表现了北欧光线微妙的变化和特有形制。所以，晶体成为表现主义的主要母题是毫不奇怪的。然而，贝伦斯并不像 B·陶特（Bruno Taut）和 W·卢克哈特（Wassili Luckhardt）等人那样，把晶体用作抽象和纯净的形式，而是将其视为具有多种变体的设计母题。他的设计表明，晶体所象征的总体秩序，应当与日常

153. Side entrance.
图 153. 侧入口

154. Behrens bookplate.
图 154. 贝伦斯的藏书标签

生活的力量相互联系，以创造出真正的艺术品。

我们已经表明，这种秩序和具体生活的结合是如何体现在这个住宅作品中的。尖形柱体的处理同时反映了自然和人工环境，表现了人们的室内生活。内部设计在于掌握生活的基本特征，同时体现对外部环境的理解。入口之门是内外两个世界的会合之处，也就是说，对世界的理解由此进入宅中，而住宅通过赋予自然现象以结构来与环境相互作用。住宅因而很好地体现了海德格尔的观点："建筑以适于居住的环境将大地带近人们，同时又把相邻的住房密排在广袤的天空之下。"贝伦斯在住宅设计中表现了对"居住"概念的全面理解。住房是圣所和城堡，洞穴和阳台，行动和静居的场所。凸窗的开敞，山墙的升起，乐房和画室的凹室围合住所的珍品。凹室建造得像壁炉一样（再加上室外的烟囱！），成为整个住所的象征中心。处在一个令人愉快的转变时期，贝伦斯结合了青春艺术风格生机活力，结合了刚出现且人们所期待的功能主义的理性秩序。他还通过个人对特定文化（如北日耳曼的哥特砖石）的记忆丰富了这种形象。上述的红绿条带设计，就可以在德国北部的那些"哥特砖石"城市中如吕贝克找到其祖先。作为青春装饰的杰出设计者，贝伦斯使人们看到了综合过去，现在和将来的可能性。作为一位富于表现力线型的大师，他综合曲线的生机和几何秩序，使其成为内在关联的整体，实现了新艺术运动的意图，同时又为正在到来的时代敞开了大门。也许这正是公众更喜爱贝伦斯住宅，而不是那些设计辉煌但却很有局限的作品的原因。

今天，人们也许难以接受贝伦斯住宅是一人居住所。其稳定且富于表现的形式并不能满足当今追求某种"自由"的需要，而是看上去有些"不自然"和压抑感。但是，这种批评只能表明，美要不断地被征服，而不能僵化在任何永恒"有效"的形式之中。艺术作品可以帮助人们创造类似的意义，可以告知人们如何用诗歌的语言来表达。贝伦斯住宅具有这样的双重功能。它告诉我们，建筑的目的是集聚一个世界并将其带近人类，它说明了几乎被遗忘的建筑语言。它向人们展示，建筑作品是通过存在于世而不是"象征"隐喻或语言符号来述说。简单地说，这种方式就是建筑物在大地上的站立方式，举向天空的方式，向周边伸展的方式，建筑开敞和闭合的方式。在具体的站立、升起、伸展、开敞和闭合的方式中，建筑表达它的世界。

施罗德住宅

形式

独立的竖向板块和横向自由伸展的平面，构成了施罗德（Schröder）住宅最为醒目的形象。在乌德勒支城沿普林斯亨德里克兰街，其他的建筑物都是传统的封闭体量，而里特韦尔（Rietveld）却"打破了盒子"，用没有重量的平面并置构成房屋形象，而这些平面也没有相互连接，形成结实的体量。尽管具有这种新颖奇特的质量，但住宅却很好地处理了与周围环境的关系。住宅与邻近的房子相似，其比例以及实体与玻璃面积之间的相互关系都反映了周围环境的质量。由于住宅位于一组连续住房（"平台"）的末端，它因此成为那组建筑的一部分。如果它出现在那组建筑的中部，其设计就很难达到这种效果。住宅溶解了城市的建筑结构，成为向周边开敞环境的过渡。

从直接的视觉效果来看，施罗德住宅让人既宽慰又困惑：它既属于所建地段，但肯定又是新颖的。住宅建在正面窄进深大的地块上，成为传统行列住房的延续。住房用大面积玻璃与周围环境相互作用，同时内部又巧妙地在深度和高度上尽可能利用空间。建筑师对住房设计传统给出了全新的激进诠释。那些自明自信的元素处在变化之中，表现了一种新的"开敞"世界。

形式的表现和细部设计突出了住宅的新颖面貌。设计者不仅分开那些构成平面，以避免出现静态的体量和通常的上下之分（如檐口和基座的区别）。一些作者将住宅描述为足尺的建筑模型，而不是一个人造结构。但如果我们进行深入一点的考察，就会发现，住宅并不像存在于真空之中的物体，而是像其他建筑物一样，与大地和天空相互联系。我们在此只需要考察住宅的三个立面的站立，升起和静止的横向伸展元素，就可以看到这种关系。竖向和横向作为环境的具体参照物构成了住房的基本特质。

初看上去，那些构成平面之间并没有什么逻辑秩序。它们不像是内部空间的直接表现，尽管它们与内部空间有些关联。同样，它们与周围环境的构成也没有关系，尽管它显然与地形和环境相适应。我们因而可以再一次把住宅理解为一种"理论上"的练习。但是通过对构成的分析，我们可以揭示出住房的真正属性。

住宅与邻房的隔墙也被处理成无饰的"平面"。新建住宅的两层楼面都围绕楼梯间发展为一种离心结构。底层的四个角落都有一主要房间，楼上的布局也一样，只是人们可以通过拉开灵活隔断把房间合并起来。楼梯间

不仅是交通的中心，上部的天窗也使其成为一个光线的中心。中心周围的布局为严格的正交形制，其离心的倾向通过角落的大面积玻璃表现出来。住宅因此在总体上是开敞的，它与其后的原有住房从整体上在空间上分开，从而增加了这种开敞性。角落的设计和与悬挑屋顶相联系的阳台，更加突出了这种开敞性。竖向的平面与空间布局相关，在开敞的空间里表现了运动方向，同时又限定了周围空间，并与其相互作用。两层楼高的宽大墙体沿街伸展，给人一种街道向郊区运动的联想。然而在楼上，这堵墙却止于另一引向住宅入口平面的端部。底层出挑的板块进一步限定了住宅入口。东南角的大面积转角玻璃，窗暗示了一种斜向的开口，也使住宅出现了类似的方向上的相互作用。住宅的三个立面都有伸展到屋顶之上的高两层的"站立"板块。这些平面板块不是要表现空间的水平运动，而是用来统一两层高的空间，同时将空间构成与天空联系起来。它们因此统合了构图，使整个住宅看上去是伸展和上升力量的相互作用。值得注意的是，这些主要平面板块解放了角落，从而确定了基本的内外关系。在主要平面之间的所有开敞区域中，我们可以看到次要元素的密集构成。这些横向和竖向板块

（如挑台和出檐屋顶）不仅强调了内外之间的相互作用，而且看上去似乎是独立的梁柱体系，它们表现了力线的振动，使动态构图更为生动。这些线性元素具有无限的伸展性。外部平面为白色和灰色，而线性元素则是彩色的（红色、黄色和蓝色）。它们既表现了建筑所接受的光线，同时又吸引人们去发现内部世界的明晰和丰富。入口的门框和窗框均为黑色，它们消失在平面和线条的构成之中。住宅中的大片玻璃溶解在总体构图之中。

初看上去，住宅的内部不过是外部的延续，但一种基本且有意的连续确实存在。房间的分解设计使其从单元变成并置平面和线段之间的间隔。家具也延续并浓缩了这些元素之间的相互作用。然而，如果深入一点来看，内部和外部之间的重要区别却是明显的。在外部，色彩以次要的线条出现，而大块色面在室内则是主要元素。尽管室内也有色线（它们与窗户相关，表现一种从外部到室内的过渡），但除了墙体之外，地面和家具被漆成黑色、黄色、蓝色和红色。从总体上看，尽管色块并不区分空间但却与空间区域相对应，使人产生一种强烈的处所感。住房就像为所接受的光线提供了具体的物体与实在。

在住宅内部，一种从外部看不到

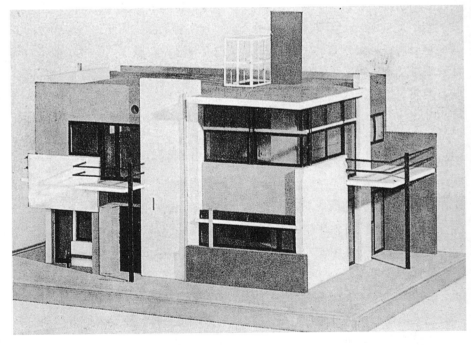

142

157. Axonometric projection.
图 157. 轴测剖面图

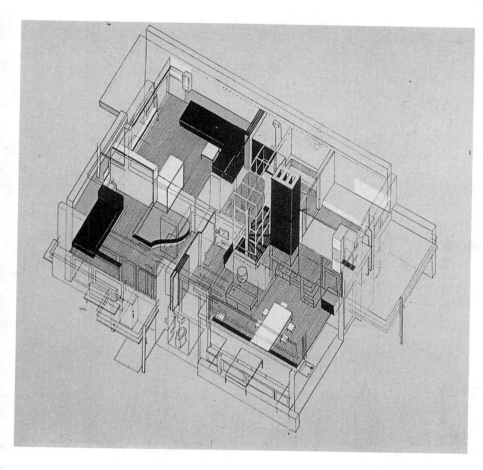

的自然秩序，以空间和光线的"基本整体"显现出来。当家具成为设计的一部分时，秩序就不再是"基本元素"的静态组合，而是那些总在变化之中的力量之间的相互作用。住宅因此同时设计了秩序和自由，成为一种新的设计"语法"。通过这种语法，设计作品就能有力地表现主次、大小和内外的关系。

意义

在普遍的意义上，施罗德住宅被认为是最成功地表现了荷兰立体派思想的作品。雅费（Jaffé）因此写道："住宅实现了立体派所有的意图。它不仅是立体派的一座纪念碑，也是当时建筑的一座纪念碑。"为了评价施罗德住宅，理解它在现代建筑历史中的地位，我们有必要来查看一下立体派的基本意图。

如同多数现代运动一样，立体派以人类的疏离特征为出发点。疏离意味着人们失去了与自身所处环境的一种和谐关系。将社会分为众多"孤单的个人"。为了抵消这种情形，立体派的主要倡导者蒙德里安（Mondrian）和凡·杜斯堡（Van Doesburg）力图追求一种新的普遍的"和谐"，以把艺术从个人的表现方式中解放出来。用蒙德里安的话来说，就是要建立一种

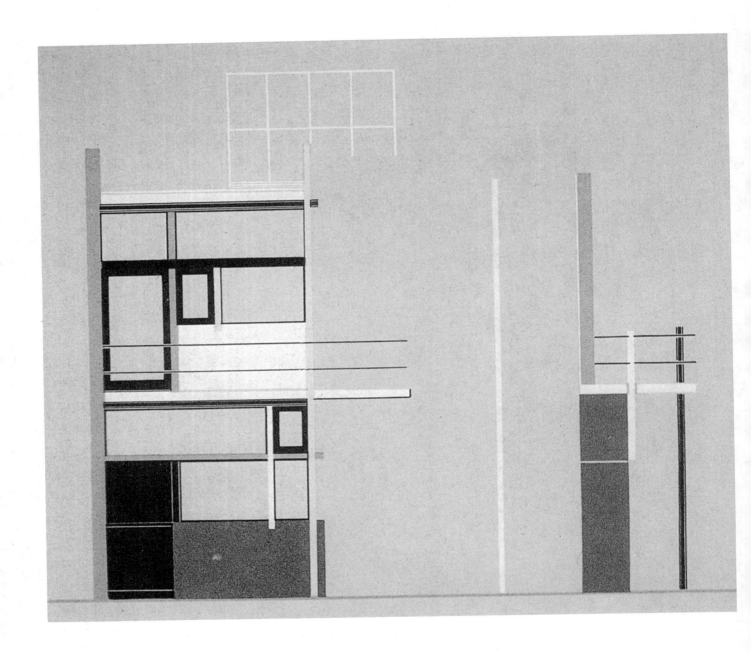

158. Street front.
图 158. 沿街立面

159. Side façade (main entrance).
图 159. 侧立面 (主入口)

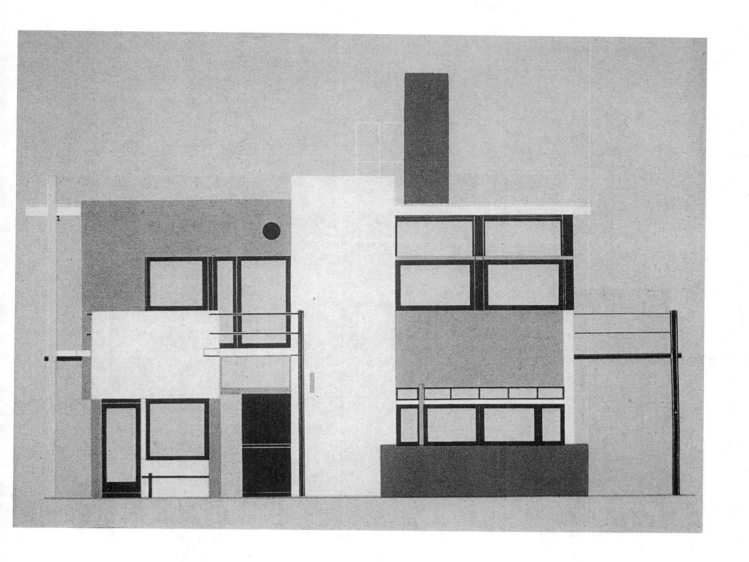

160. *Front onto garden.*
图 160. 沿花园立面

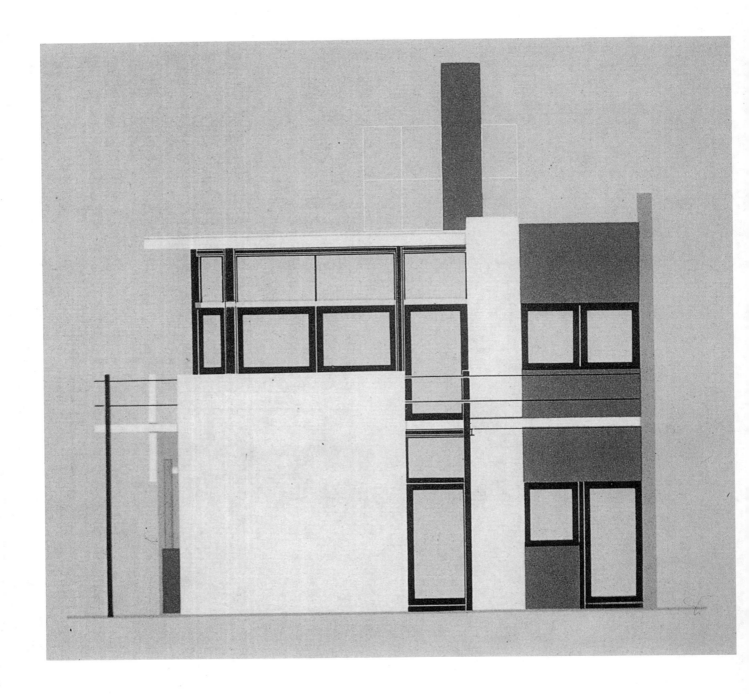

146

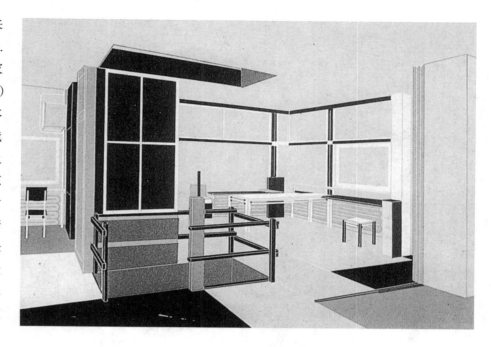

"人与宇宙的一致"。他们的灵感来自荷兰哲学家舍恩马克尔斯（M.H.J. Schoenmaekers）的思想。这位哲学家在其著作《世界的新意象》（1915年）中，把普遍的和谐思想与某些基本的形式联系在一起："有力的水平线条和竖向线条形成了地球以及地球上所有事物的两种根本且完全对立的东西。前者是地球围绕太阳的路线，后者是太阳在空间运动的射线。"他接着说："三种原色就是黄蓝红。它们是仅有所存在的颜色。黄色是射线（竖向的）……蓝色是黄色的对比色（水平天空）……红色是黄色和蓝色的结合。"立体派的主要方法因此就成了在"正交空间中铺放主要色彩"。蒙德里安还说："我意识到，现实就是形式和空间"……"空间为白色、黑色或灰色，空间是红色、蓝色和黄色。"凡·杜斯堡也说："空间的划分纯粹是由矩形平面决定的。尽管这些平面之间有着某种联系，但它们本身并没有独特的形式，而且被认为可以无限伸展。""新建筑打破了墙体，完全消除了外部与内部的脱节。""（新建筑）把功能空间单元（以及悬挑板，阳台体量等等）从立方体的核心离心地甩出去。""与导致固定和静态景象的正面性相比，新建筑丰富了多面和时空的造型。""新建筑有机地将色彩作为

162. Interior.
图 162. 室内

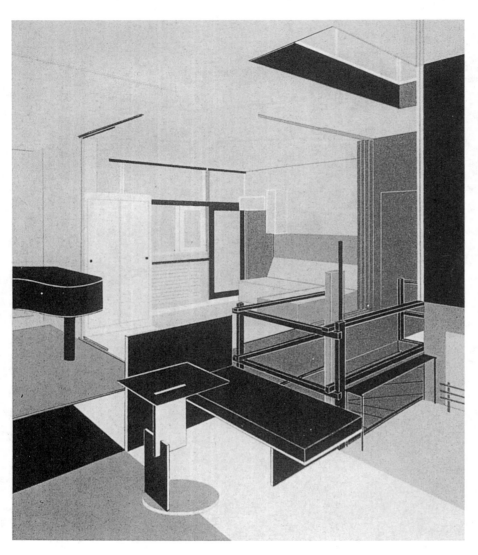

一种表现空间时刻的元素。没有色彩，这些关系就不是活生生的现实，因为它们难以显现出来。"

施罗德住宅确实体现了这些想法和原则，在正交空间中出现了色彩平面。白色、灰色和黑色元素限定了基本的空间，而带有色彩的物体则构成了更为具体的"场所"。很明显，色彩表现了光线，正如舍恩马克尔斯所暗示的那样（我们也许可以联想到路易斯·康有关"光使所有事物呈现出来"的思想）。里特韦尔因而把梁和柱设计为"无限"伸展的线条，甚至把他那著名的灯具也构想为射线的并置。总体上看，他想创造一种新的空间艺术，他说："如果为了某种特别的目的，我们分开，限定，并把人体尺度作为无限空间的一部分，正是在某一空间中将生活带进现实。这种方式可以使空间的某一特别部分称为我们的人文体系。"这里的人文体系显然是指"基本需要物"的体系。"现代艺术家并不否认自然，但也不模仿自然，不描绘自然，而是创造自然的不同形象。艺术家利用自然并把它减缩为基本的形式：色彩和比例"（Van Doesburg）。对许多观者而言，立体派的基本形式似乎比较抽象，但正像雅费曾经指出的那样，这些基本形式"与矩形领域、直线道路及荷兰运河景观密切相关"。任

163. Van Doesburg: Composition of horizontal and vertical planes.
图 163. 凡·杜斯堡：水平和竖向板块构图
164. Mondrian: Towards pure plastic art.
图 164. 蒙德里安：走向纯造型艺术

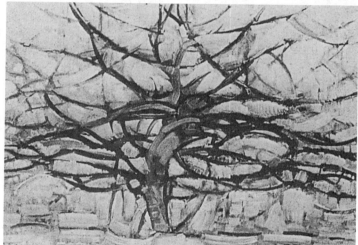

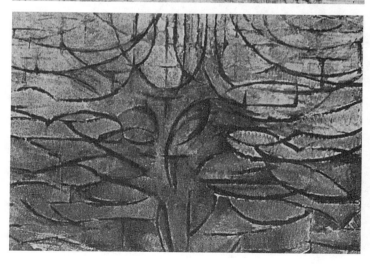

165. *Detail.*
图 165. 细部

166. *Drawing room window.*
图 166. 起居 – 餐厅窗户

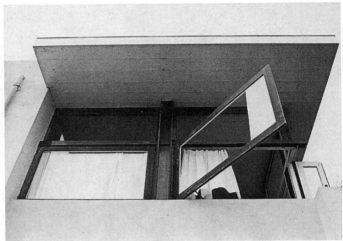

何人从天空看过荷兰的人都会证实，荷兰这个国家看上去就像一幅巨型的蒙德里安的油画。雅费还把立体派的意图与荷兰清教主义的打破传统信仰的态度相互联系。因此尽管立体派的激进立场，它仍然保留了与地方价值的某些接触。所以没有必要把里特韦尔的作品解释为是将蒙德里安和凡·杜斯堡的想法转变成建筑。他首先就是普遍荷兰倾向的一个倡导者。早在1917—1918 年时，他就在自己设计的红蓝椅子中表现了他的设计思想：色彩平面终止在三维正交的"无限"的黑色线条之中。

然而不可否认的是，从总体上看，立体派建筑特别是施罗德住宅仍然脱离了日常生活的现实，因为日常生活是用具体材料建造的艺术，用海德格尔的定义来说，就是将"内容"设计到作品之中。施罗德住宅还仅仅停留在总体属性上，尽管设计者考虑了一些地形条件和内部功能。人们不应当用这些抽象的板块构成建筑，因为人造形式从来就不是各向同性的。施罗德住宅看上去更像是一个理论模型，而不是建筑物。住宅缺乏使其站在"当地"的具体物性。

那么，容纳现代生活和消除疏离的开敞空间概念是否只是一个幻想？根本不是。只是新建筑的开敞空间或自由布局，需要一种条理清晰的"人造"秩序。密斯懂得这一点，他发展了自己的"明晰建构"的概念。他说："自由布局和明晰建构不能分开。"里特韦尔一定已经认识到，住宅中那种抽象或"象征"设计难以为继，因为横向和竖向板块的空间"语法"应该有所具体化。然而他并没有运用一种全面的人造结构，而是力图采用使板块和线条同时既抽象又具体的建构（例如，他在 1954 年设计的阿恩海姆雕塑馆）。这也许部分地造成了他后期作品的含糊质量。不过，我们的批评并不会降低施罗德住宅在艺术和历史上的重要性。某些建筑只是阐明了基本的概念和原则，而不是满足某一种特别的具体需要，施罗德住宅就是这样一个例子。该住宅以一种最为显著和令人信服的方式实现了自由布局。它回避了任何一种图解形式，同时证明了现代建筑获得了一种空前的丰富与动态的空间。它的设计仍有意义，只要不把它理解为最终的目标，而只是对理解新的空间艺术的一种基本贡献就行。施罗德住宅证实了里特韦尔自己说过的话："几件艺术作品足以在几个世纪中传递事物的精华。"

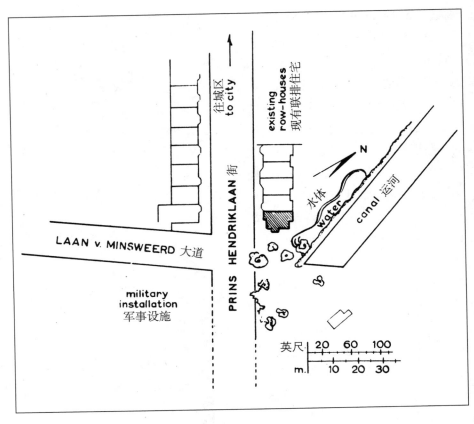

图根德哈特住宅

描述

图根德哈特（Tugendhat）住宅[1]位于布尔诺城东部的一坡地上，在此可以观赏到城市的优美景色。住宅是从地形高处接近的，入口也相应设在顶层。住宅与地形关系密切。住宅看上去没有通常的厚重体量，而是像一低矮的高一层的"墙体"沿街伸展，遮挡了原本从街道可以欣赏的城市景色。不过，墙体有一不连续之处，形成了由开敞院落引向花园平台的通道，在此可以看到布尔诺远方城堡的景框。沿通道修建的栏杆告诉人们，这种景观是一种"预示"。紧挨着通道的一曲线形半透明墙体将来访者引向入口之门，沿着半圆形楼梯下行，人们便进入底层的宽敞起居空间。人们在此可以通过玻璃墙体看到室外连续的全景。当天气好时，玻璃墙几乎难以觉察。基本的空间布局来自给定的地形，使建筑物成为"开敞"的连续世界的一部分。从花园看去，住宅显出了两层的体量，不过形象并不是一个一统的盒子，因为楼上的房间是从底层立面后退的。

地形条件决定了密斯的设计：楼上是卧室和平台，楼下是起居空间。西侧顶层是车库和司机的卧室，底层是厨房和帮工卧室，一下沉式院落为帮工卧室提供了自然光线。这是密斯在早期住宅设计中都采用的一种设计。

两层的布局空间不同，尽管在某些方面有些联系。在楼上，卧室成组地并置在封闭的"盒子"之中，它们与车库形成了某种三个相互联系元素的"自由布局"。三个体量之间的空档并不是剩余的，而是被设计为主要的空间区域：从街道引向景观的通道和住宅的主要入口区域。为强调和表现这个区域，上述的曲线形玻璃墙体出现在两个卧室的体量之间，从而将人自然地带向入口。这堵玻璃墙体还进一步用于连接内部的两层空间。突伸墙体的设计加强了基本封闭的住宅体量之间的相互作用，使盒子"溶解"在共有的大厅之中。连接父母卧室和孩子住处的通道进一步把盒子联系起来。

截面为十字形的钢柱出现在入口前方，入口大厅中和平台上，将卧室体量置于一种"隐含"的住宅结构之中。这种结构的连续性通过横贯玻璃墙体和可以欣赏全景的通道之上的平屋顶显示出来。只有一颗柱子支撑着屋顶板，它是一种暗示空间秩序和结构连续的"警句"或"标记"。清一色的石灰华地面和从地面延伸到顶棚的半透明玻璃墙体构成了一种连续性，加上同样的柱子出现在大厅中，内部和外部产生了有意义的联系。

曲线楼梯预示了起居空间的自由。封闭盒子的特征在此全部消失。宽大自由的室内以空间的连续体出现：进厅、起居、餐厅、书房、琴房和花房形成各自独特的区域，并用相应的空间和形式来限定。在进厅的半透明玻璃墙体前有一张桌子和四把椅子，墙体与楼上门厅中玻璃墙体相"呼应"。引向起居空间的一凸圆墙体表现了进厅的过渡特征。墙体为暖色的木质结构，使人产生接近住宅"内部"的感受。进厅也可直通书房，不过通道上放置的餐具架和三角钢琴多少阻挡了这条通路。书房空间特别有趣，由尺度亲切的壁龛式书架和开敞的空间构成，壁龛用突出的墙体围合且用木材装饰。一张大书桌放在沿住宅整个东面的玻璃花房前。这个冬季花园用一种特别的玛瑙石墙体加以限定，从而把起居和书房联系起来。这片独立的墙体将明亮和基本开敞的区域同其后的更为私密的书房区分开来。玛瑙石墙体因其位置和丰富结实的材料而成为整个空间的焦点。通过连续整片的玻璃墙，起居空间俯瞰外部景色，表现出此类空间中一种前所未有的"自由"。餐厅也是开敞空间的一部分，半圆形的木质座椅墙围绕一张圆桌设置，限定了空间。座椅墙后是

餐柜，是到封闭厨房和佣人住处的一个过渡。

起居空间中有一组在矩形柱网中呈规则排列的镀铬钢柱，它们建立了自由布局的秩序。同样的柱子在楼上以"标记"出现，而在此柱子却成为一个完整的体系，显现出空间的骨架基础。进一步来看，这样的柱子也出现在餐厅、厨房和连接起居序列空间和下面花园的平台上，它们相互呼应共鸣。住宅外部的两侧都有单根的柱子，以表明内部的清晰结构。但这种结构秩序本身并不是一个目的，因为只有当它与所包含的自由布局相联系时才有意义。自由布局是住宅的真正"内容"，它由几个质量不同的区域构成。空间在此是多样性的，但这种多样性在由柱网体系限定的空间中却成为一个整体。密斯说过："自由布局和清晰结构是分不开的，因为后者是前者的基础……结构是整体的支柱，使自由布局成为可能。没有这个支柱，布局就不是自由的，而是无序的……"（舒尔茨："与密斯·凡·德·罗的谈话"，《今日建筑》第 79 期，1958 年）。住宅的楼上是更为传统的盒子布局，自由布局只出现在那些传统体量之间过渡的区域之中。在此，布局不那么自由，也就不需要一种连续的骨架结构。而在主层，自由布局达到了最大限度，

柱子体系的发展也与之对应。尽管两层楼面的空间的自由程度不同，但它们是明晰序列的一部分，是一个有意义的整体。

入口的设计为起居室的气氛做了铺垫，其他区域都与这个主要设计意图相联系。作为一个整体，图根德哈特住宅体现了独到且丰富的空间构成，以一种高超的手法处理了建筑物与周围环境之间的关系，设计出质量不同的内部空间。

我们对图根德哈特住宅的描述关注空间关系而不是建筑形式，因而与以往对传统建筑的描述有些根本的不同。在以往的描述中，墙体、楼面和屋顶结构占据了主要篇幅，而空间只是它们的自然产物。但这并不表明，建筑形式对密斯不重要。正如他自己指出的那样，一个"明晰的结构"是自由布局的基础，这个思想并不意味着一种抽象的秩序，而是一种逻辑的构成。当然这种构成是由空间决定的，而不是反过来。

住宅的设计是如何体现这个思想的呢？首先住宅有三种不同的形式元素：结构部分（例如钢柱），围合的"外壳"和独立的隔断。楼面／地面和顶棚可以是第四和第五种元素，它们在空间的流动中发挥了一种新颖和重要的作用。我们已经提到密斯把柱子骨

架定义为"基础"的说法。然而在这里，骨架并没有以一种一统的体系出现，而是由分开但有规则间隔的柱子构成，有力地产生了一种整体的节奏。柱子表面的铬金属光泽和表现正交网构的十字形截面加强了这种效果。由于没有柱础和柱头，这些柱子显然表现了一种连续的同质空间，而不是站立的有机形式。那么这是否意味住宅没有上下的区别呢？根本不是。所有的地面都是结实的，因而属于大地，而天棚则相对轻快，它们都以连续体的形式出现，为整个空间区域服务，尽管地面的材料有些变化（例如地毯的出现），以表明空间中的特别"区域"。这些从属区域首先通过隔断来限定，而隔断的材料又给予每个区域合适的特征。起居室和书房之间的直线型玛瑙隔墙，围绕用餐空间的曲线形乌木墙体，加上用于窗帘盒家具的多彩织物，都有特别重要的意义。与之相反的是，围合"外壳"或是玻璃或是白色灰泥，是"中性的"。它们因此被用来界定范围和给出方向，而不是决定环境特征。

外部立面也表明，空间是形式的决定因素。这些立面不是传统意义上的"立面"，而是表现了内部和周围环境的关系。窗户的位置因此是"自由的"，建筑体量并没有形成对称的图形。不过这并不表明，住宅的设计是从内部到外部的。内部和外部形成了一个由建筑元素定向和保持的连续空间。立面用来限定这个空间中的区域，其上的开口是根据空间的流动来设计的。然而，这种流动并不是抽象的，而是"功能性的"，即它是生活习惯的一部分，包括了景观和"气氛"这些质量。入口的设计因而是从外部向内部进行的：从内部获得全景的意图，决定了起居室中的玻璃墙（一个外部的决定因素！）。自由布局并没有摒弃外部和内部空间的不同质量。总体上看，内部空间集聚和显现了那些在外部所"看不见"的质量。

密斯早期设计的住宅总是表现了内部和外部之间的关系。这种关系主要体现在那些经过仔细推敲的转折区域，例如平台、外部楼梯和花园墙体。这种方法出现在他的最初的"现代作品"中，例如 1923 年的混凝土郊区住宅，1927—1930 年间的两栋克雷菲尔德住宅。从后两栋住宅中，我们可以明显地看到建筑体量与周围环境的富有特征的处理。密斯在同时期所作的几幢住宅的草图中，表明了他是怎样以内外空间关系的体量结果作为设计出发点的。总起来说，图根德哈特住宅表现了一种空间构成，它不是抽象的和理论上的，而是属于一个特定的

地点，具有特别的实际需要。除此而外，它表现了一种新的空间观念，这种观念抛弃了把分开的"盒子"加在一起的传统做法，把内部理解为一个内容更为综合的盒子。在住宅中，所有的空间在整体上形成了一个新的动态整体。这个整体由不同内容的空间组成，从几乎是盒子般的卧室到起居室的开敞观景空间。尽管优美的设计似乎比居住更具有观赏性，住宅还是在具体和现实方面具有一种独到性。

方法

相较密斯的其他任何一个住宅设计，图根德哈特住宅也许更能阐明他的空间构成方法。其他有些作品也许更为"纯净"，如 1929 年设计的巴塞罗那展览馆，1931 年柏林建筑展览会的住宅。有些作品在空间感觉上更为丰富，如 1935 年设计的许贝（Hubbe）和 U·朗格（Ulrich Lange）住宅；但只有图根德哈特住宅，完整地阐明了密斯的基本概念是如何与具体的地点和实际的建筑功能相结合的。这就可以极好地用来澄清当前对密斯建筑的误解。

今天通常有人认为，密斯的作品以空间上的单调和形式上的枯竭为特征，甚至有些偏向密斯的评论，也力图将他的设计方法缩减为口号如"皮

与骨"或"少就是多"。在我们看来，这些评论过于表面。图根哈特住宅表现了空间设计的独特且一致的"句法"，同时也暗示了一种建筑形式概念，这就是密斯自己后来发展的丰富和明确的结构体系。空间句法体现在体量和墙体之间的相互关系中，表现在开口的处理上以及使布局具有不同程度"自由"的意图中。我们已经指出，卧室被设计为相对封闭的"盒子"，其中的门窗被相应地处理为墙体上的"洞口"。也许是对完全开敞的起居空间的回应，密斯通过加大窗户尺寸和立于地面和顶棚之间的高门设计使卧室获得了一种有限的"现代"开敞（据图根德哈特女士回忆，密斯未经讨论就接受了几处她对设计的改动意见，但拒绝降低空间的高度。他说："那么我就不会建造这个住宅！"）。楼层的体量表明，密斯完全清楚与围合空间相联系的形式问题。与之相反的是，楼下的起居空间引入了一种自由布局的新的句法。这里的"新"并不是指密斯发明了这种方法；在很大程度上，他得感谢赖特、立体派和勒·柯布西耶，但其他人都没有像他这样，使得句法连贯一致。这种一致主要表现在以下的设计上：相互平行的隔墙部分地限定同一区域（如石灰华岩墙板和三角钢琴后面的隔墙），一墙体在与

另一墙体形成直角后继续延伸（例如，孩子住处端墙延伸到入口大厅之中），灵活隔断在结构柱子之间的自由伸展（如玛瑙隔板与其后两根柱子的关系），玻璃墙体所表现的连续和"理想"的过渡（如主要入口），用凸起的地面和天棚表面延续空间的运动（如入口院落、屋顶平台和花园平台）。这些设计都力图表现空间"自由"的愿望 [也许有人会将此与舍恩伯格（Schoenberg）"用 12 音调来作曲"的方法相比较，这种方法可以防止又重新变为音调]。那些既非封闭，又非开敞的空间特别有趣，例如书房内部的"口袋"。进一步来看，固定的家具也经过了"句法"的处理。

密斯战前设计的几乎所有住宅都根据了这些原则，但我们也能看到始于 1923 年的某些发展，这种发展在 1928—1929 年设计的巴塞罗那展览馆中完全成熟。1923 年的莱辛（Lessing）住宅出现了许多"现代"的封闭空间，半敞的口袋，而 1924 年的砖石乡村住宅第一次出现了"自由"布局。1925 年设计的住宅首次尝试了以若干骨架元素来结合两种空间类型。在 1925—1927 年设计的在古本镇的沃尔夫（Wolf）住宅和 1927—1930 年在克雷菲尔德城为 J·埃斯特斯（Josef Esters）和 H·朗格（Herrmann Lange）设计的住宅，则以传统的砖石结构表现了丰富的空间。在巴塞罗那展览会之后，图根德哈特住宅和在柏林建筑展览会上的住宅，都包含了开敞和封闭的空间。20 世纪 30 年代以后的住宅设计更为一致地运用了空间的基本法则。在为格里克（Gericke）（1932 年）、许贝和 U·朗格设计的住宅以及不同的院落住宅中，这些基本法则的运用更为丰富。有趣的是，在 1935 年为 U·朗格所做的第一个方案中，密斯又重新运用了封闭体量的"自由"布置手法，基本上与图根德哈特楼上的设计一样。1937 年，密斯在怀俄明为 S·里索（Stanley Resor）设计一大型住宅时，类似地运用了"自由"和封闭空间的结合，同时也出现了规则柱网，截面为十字形的柱子。住宅的"中心"是由大块石砌成的壁炉，使人联想到赖特在住宅中心设计的烟囱体量。里索住宅中的隔断处理和固定家具设计很好地体现了密斯空间设计的一贯性。

在这些早期作品中所出现的自由空间设计，似乎在后来的美国作品中减少了。在密斯设计的美国作品中，我们看到的是简洁、统一且通常为对称的体量，而不是"自由"元素之间的动态平衡。密斯后来的建筑作品变化较少且更为刻板。不过我们应当看到，这些作品多数为公共建筑，而不是私人建筑，而且它们通常构成了芝加哥主要且明显的城市网格的一部分。尽管如此，我们还是可以在作品中看到一些变化和发展。我们也可以在他设计的住宅作品中看到一统的体量，例如 1945—1950 年设计的法恩斯沃思（Farnsworth）住宅，1950 年的凯因住宅设计方案，以及 1950 年设计的 50 英尺 ×50 英尺住宅。在这些一统的体量中，独立和封闭的元素根据新的自由布局的原则来设计，这种新并不是在空间构成的方法上，而是在对总体全方位开敞的追求上。这个倾向也许意味着，密斯已难以实现其在早期作品中，将设计思想与实际地形相联系的做法（如在图根德哈特住宅中的设计）。可以试想，这种新的想法反映了芝加哥地区那种均匀延伸的草原环境。新的法则顺了对整体空间的追求：将所有的封闭的房间从外墙拉到后面。密斯因此说，"自由布局要求把那些仍然需要的封闭元素从外墙拉到后面，就像法恩斯沃思住宅那样。"（舒尔茨："与密斯·凡·德·罗的谈话"，见上述所引用的书中）

整体空间的概念与密斯对建筑形式处理的发展相关。在战前那些年的作品中，结构骨架部分地被藏起来，甚至不完整，尽管骨架表现了一种总

181. *Living room towards the dining area.*
图 181. 从起居室看餐厅

182. *Dining area.*
图 182. 餐厅

183. *From the dining area to the living room area.*
图 183. 从餐厅看起居室

184. *Terrace and glass wall-screen.*
图 184. 平台与玻璃幕墙

185. Steps to the garden.
图 185. 通向花园的台阶

体上的规则性。从 1945 年起，在伊利诺伊理工学院的第二个工程和住宅的设计中，结构几乎毫无例外地被设计为统一整体的规则系统。梁柱结构明确表现了系统而不是更为抽象地用来划分空间的方法。在建筑物不同部分的结合处，设计更为深入以表现具体的构造。一个早期和特别能说明问题的例子就是 1944 年为伊利诺伊理工学院设计的图书馆和办公楼。建筑中明确丰富的转角设计清楚地区分了带有填充砖块的纵向承重结构和横向的外部立面的"壳体"。在此不可能更多地讨论密斯的"纯净"结构概念，而只想指出设计实现了追求具体和实在的建造的愿望。建筑形式在此真正成为"支柱"，以其现实的逻辑，形成了自由布局不可缺少的部分，从而体现出尺度和连贯性。

目标

密斯·凡·德·罗将现代建筑的基本原则发展到其自身的逻辑终结。今天，当现代建筑受到批判和攻击时，他也就理所当然地成为一个热点目标。不过，批评家们通常并没有真正理解密斯的目标和方法。到目前为止，我们只讨论了方法，让我们来简要地讨论一下密斯的基本目标作为结束。

毫无疑问，在阐明什么是现代建筑方面，密斯超过了所有的人。然而他的设计"法则"本身不是目的。早在 1923 年他就写道："建筑是将一个时代的生活，改变和全新的愿望反映在空间之中。不是昨天，也不是明天，而只是今天才能被赋予形式。"他接着写道："试图在我们的建筑中运用以往的形式是没有希望的。即便最有艺术才华的人，也注定不会成功。我们不停地看到，一些具有天赋的建筑师没能成功，因为其作品与所处的时代不合拍。在上次的分析中，尽管他们很有才华，但他们却是半吊子；因为他们使劲地在做错误的事情，所以不会产生什么不同的结果。这是一个关于原则的问题。"密斯因此想为我们时代提供形式，为达到这一目的，他回到了"基本原则"。他强调，目标就是"新的空间"。从一开始，他就把空间理解为"功能"和技术上的问题，但同时也一直强调，主要目标是建造艺术上的，而不是技术和经济上的。这表明，"这个目标只能通过创造性的行为，而不是计算分析的方法来达到。"（密斯·凡·德·罗：建筑与艺术序言，斯图加特，1927 年）

全新的空间就是艺术的目标，以展示我们时代所隐含的生活。这种生活肯定是多样的、复杂的、相互矛盾的。不过，我们可以列出这种生活的

186. *From the garden.*
图 186. 从花园看住宅

187. *First floor plan.*
图 187. 二层平面图

188. *Ground floor plan.*
图 188. 底层平面图

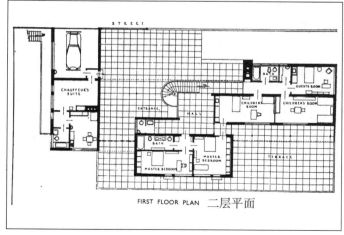

FIRST FLOOR PLAN 二层平面

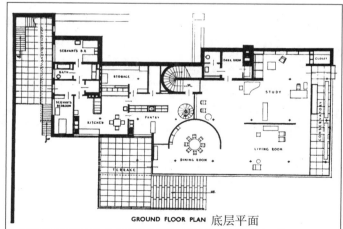

GROUND FLOOR PLAN 底层平面

若干基本特征。从总体上看，这些特征与"自由"和"秩序"的范畴相关。人们总是需要某种自由来健康发展，同时对与自由相关的秩序的需求也就具有意义。如果把这句话转换成建筑术语，那就是任何建筑物看上去都像是"母题"的变体。在过去，母题就是建筑物，体量和结构形式元素的类型。密斯说，今天我们不可以采用过去的这些形式。我们需要一个全新的空间来赋予自由和秩序的形式。我们的自由不仅是四处运动的自由，而且也是在价值和信息中进行选择的自由。我们因而成为"全球"世界的一部分。密斯和总体上的现代运动用自由布局来表现这种新的状况。密斯发展了它的法则，因而提供了对我们时代"生活"的一种解释。为了达到这一目的，密斯必须回到基本实质，因为法则并不只是特别情况的汇集。我们正是应当从这个角度来理解他的名言"少就是多"。

50 年之后，图根德哈特住宅仍然是未被超越的自由布局的典范。住宅的设计表明，自由并不意味自由的本身，正像今天很多人认为的那样。自由意味着感受到生命和改变的整体，意味着不封闭、不减略。住宅还进一步表明，我们的时代有自身的秩序，即逻辑、规则和技术上的效率。住宅中的柱网显示了这种秩序，但如果视其为是密斯和现代运动的目的，那就错了。只有与新自由相联系，新的秩序才有意义；没有自由，秩序就是一种束缚和单调。所以在自由布局中的缺失，也就是在生活中的缺失。然而，密斯在其后期作品中表明，建筑结构自身是富有意义的表现，它补足和丰富了自身所限定的空间质量。这种表现与构造在空间中的展现方式有关：站立、升起、伸展和跨越。因此密斯这样说："技术显然不仅仅是一个有用的手段，它本身就是某种东西，具有意义和有力的形式。事实上，它太有力了，以至于很难称呼它。它是技术还是建筑？也许这正是某些人所确信的，技术会使建筑过时并会取代建筑。这样的确信不是基于清晰的思考。相反的情况正在发生。每当技术达到真正的满足时，就会超越成为建筑。

确实，建筑取决于事实，但其真正的活动领域却在意义的王国之中。"从总体上看，"意义的王国"意味着现代建筑通过自由布局和明晰构造来实现的新空间。不过，今天我们认识到，那种意义应当包含了更多的内容。新的开敞世界的观点基本上是通过自由布局来"体现"的，但它并不只是联系空间区域的系统，而是包含了那些人们需要完整认同环境形象的系统。自由布局具有接受这些形象的能力，作为一个原则问题，它也许包含了"所有的东西"。所以建筑的下一步并不是要与现代建筑决裂，而是要进一步发展它的可能性。只有真正了解它的方法和目标，才能达到这一步。密斯的作品可以为此提供一种实在的帮助。因为它们不仅定义了元素和原则，同时也表明了这些元素和原则是如何被设计到作品中，成为对具体生活要求的一种回应。K·瓦克斯曼（Konrad Wachsman）曾经说过："密斯是最后一位建筑师。"我们也许可以加上这样一句："作为最后一位，他也是第一位。"

包豪斯

形象

在关于包豪斯的书中，W·格罗皮乌斯首先介绍了建筑全景鸟瞰和总体平面布局。接着，他展示了建筑的各个立面。显然，格罗皮乌斯想告诉人们，包豪斯的建筑质量并不是一种纪念性的立面，也没有占主导地位的设计母题，而是一种新的完整的机体。人们正是这样来解读这栋建筑的。

在接近包豪斯校舍时，人们并没有被引向一个重要的入口，以体验到达某地的感觉，因为建筑总是促使人们走动，以发现众多的相互影响的质量。尽管位于工作车间和教学楼之间的过街楼会使人们联想到庭院，但两边不对称的建筑布局和在楼下"轴线"的延续，排除了任何终点的感觉。建筑物有所限定，但却没有一个固定的点。人们因此会不停地走动，来熟悉建筑的整体。

从总体上看，包豪斯的形式并没有展现图画般的景象，而是以一种三维的形象出现。建筑没有一个"主要的立面"，暗示了一种新的"开敞"空间性。然而，动态和开敞并不意味着建筑是不确定的或是任意的。当人们走动时，就会看到一种有意义的"构图"，了解构成整体的具有不同特征的各个部分。围合工作车间的外墙玻璃与教学楼的横向层次，连跨的行政办公过街楼，和低矮的餐厅兼礼堂的间断节奏形成对照，而低矮的餐厅兼礼堂又与站立的学生宿舍塔楼形成对比。不过没有任何一部分是独立的体量。这些部分都相互作用，以微妙的相互渗透的手法联系起来。餐厅兼礼堂的横向排窗也出现在过街楼下两侧建筑墙面上，表现出一种连续性。过街楼跨在餐厅之上，其下部墙体从体量中解放出来，成为后者的檐口。在另一端，过街楼立面的重叠带形窗和屋顶檐口的断开处理与教学楼相互渗透。

主要的建筑体量也有主要和次要部分的区别，次要部分包括楼梯间和厕所间等服务用房。这种区别是通过墙体表面的不连续来体现的，当然这种不连续并不是完全的独立。在工作车间楼的一端出现了一种微妙的设计。主要体量的地下层部分与楼梯间的墙面平齐，而横跨的檐口则把两个不同的部分区别开来。

位于工作车间，礼堂和行政过街楼之间的主要楼梯和门厅是整个布局的中心。从空间上看，它属于上述的所有三个部分，成为相互作用的复合之点，而不是通常意义上的中心。从这个点出发，建筑主要体量分出三个L形的臂膀，在形式上产生了一种离心运动，使整个建筑与周围环境相互作用。L形进一步排除了任何静态的对称：一个体量的端部总是与另一体量的侧面同时出现。建筑物并没有呼应已有的街道形制，而是成为城市空间的发生器，成为整体环境的一部分。

从总体上看，包豪斯校舍的空间布局似乎要表现运动，而不是要构成一个静态"场所"的系统。空间包含了比容器更多的内容，它具有活力且与"发生"在建筑物之中和周围的生活直接相关。发生这词因而有了新的动态解释，即布局形制和形式之间的相互渗透。后者尤其重要，因为形式上的相互渗透与古典建筑的"规则"相冲突，表现了设计新的形式的可能性。

包豪斯建筑所表现出来的动态空间概念，不仅决定了总体布局和体量之间的关系，而且也决定了各个部分的设计处理。很明显，动态构图要避免使形势"封闭"的组织方式，例如轴线和中心对称（事实上，轴线对称只出现在与主要入口相联系的"行进过程"中）。没用坡屋顶也是出于这方面的考虑，因为这种拥抱式屋顶总是产生一种静态的体量，而平屋顶则可以使建筑开敞伸展。

开敞的意图通过墙体的处理进一步表现出来，醒目的玻璃幕墙和横向长窗表现了体量和内外空间的相互作用。玻璃表面既限定了体量同时又有反射和镜面效果，使建筑具有深度。

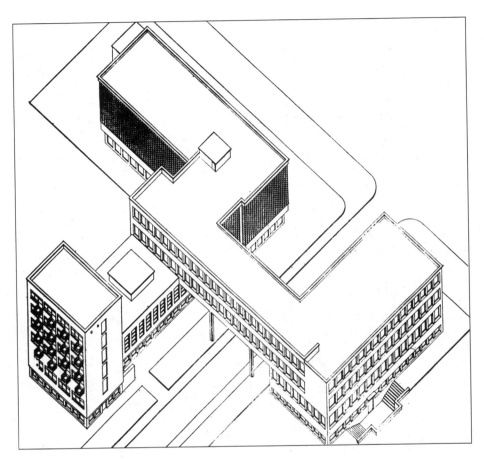

它因此使静态实体消失，但却保持了形式的精确性。主要体量通过相同形式的透明性表现出特征，显示了不同的"运动"：横向伸展，竖向升起，或总体开敞。正如所预期的，透明性在楼梯间和门厅这个建筑物交会集中处得到了最大的强调。所以在包豪斯，是空间而不是过去通常结实的体量，在伸展和升起。甚至在学生宿舍中也是这样，悬挑的阳台对位于上升的体量，呼应了总体的横向开敞。在夜晚，当校舍内灯火通明时，空间结构显得特别清楚。在整个建筑物的底部有一低矮的基座，它是用来从整体上保持和统一构图的唯一形式元素。它以相对的深色和深深的窗洞与上部白色"无重量"的表面形成对比，从而获得一种"结实"的特征。之前几乎没有人指出这个基座的重要性，也没有人注意到它和叠加墙体上的几处地方相呼应的事实。人们的复杂生活发生在以连续地面形式出现的大地上。包豪斯校舍的深色基座，显然是要表现我们"存在于世"的根本结构。只有与连续厚重的大地相联系，人们的行为才有意义。为了表现人们生活与大地之间的相互作用，建筑物在几个特别的地方出现了与结实特征的共鸣：在入口处，深色柱子与其后的玻璃形成对比，以强调其透明性；在过街楼，"结

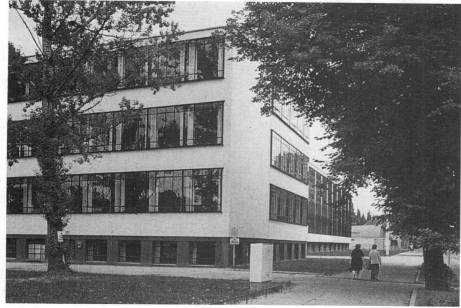

构"构架有力表现了开口，同时也中和了在主要"轴线"的深度方向上的运动；礼堂 – 餐厅的窗间结实墙体，使这个低矮的连接体成为学院聚会的场所；在工作车间内部，三层楼高的梁柱构架表现了自由的布局和开敞的墙体。包豪斯的空间性因此并不意在表现一种空泛无处的运动形制，而是要体现人们生活与具体给定环境的相互作用。内部空间给人一种清晰流通的感受：空间并不是完全连续，也不是由封闭单元组成。一部分体现建筑外部的主要体量在内部并不那么明显，它们相互作用，形成了一种紧密交织的动态整体（值得指出的是，礼堂 – 餐厅中出现了轴线对称，因而成为校舍内部的一个象征"中心"）。

如同所有优秀建筑作品那样，包豪斯校舍的质量只有在人们相当熟悉建筑以后，才会显现出来。只有当我们学会了观察横向伸展，结实基座以及其上升起的结构元素之间的相互关系，我们才有可能把握构成其真正意义的空间性。

通过包豪斯校舍，格罗皮乌斯向人们展现了他的"新建筑"概念。包豪斯的设计不同于人们关于建筑的先入之见。这里没有整体上的集中空间、轴线、形状和等级层次，没有壮观的对称性和占主导地位的设计母题，没

192. Access road.
图 192. 入口前道路

有带有传统风格的柱式和特征细部。取而代之的是运动的开敞形制和透明与基本形状之间的动态作用。三维拼贴式构图出现了，其结构是各种形式的水平节奏和不多的竖向张力。总体上看，空间是这座新建筑的主要内容，人造形式只是用来限定空间的形制，而不是自身要成为目的。建筑物因此摒弃了先入之见的客体，成为"现象化"的实体，转换成力量之间的相互作用。然而这并不意味着与传统建筑的完全决裂。建筑的设计意图是要回到建筑的基本形式及其关系，例如水平与竖向、开敞与封闭、重与轻、厚与薄等。不过，整体的正交结构表明，建筑空间具有连续性和可分性等基本属性，从而使动态的现象化展现成为可能。

包豪斯是最早和重要的新建筑。它代表了一种开始和希望，而不是结束和完成。

意义

那么，什么是新建筑的意图呢？在介绍包豪斯的一书中，格罗皮乌斯告诉人们"包豪斯的目标就是没有'风格'，没有体系，没有教条和原则，没有方法，没有时尚！它不依附形式，而是追随变换形式背后的变动的生活。"这个意图的目标就是"建造的

193. Access road with the administration bridge.
图 193. 入口前道路及其上的行政办公过街楼

194. *Laboratory façade.*
图 194. 实验室立面

艺术"，"用这种艺术为充满活力的生活服务。"为达到这一目标，人们必须赋予"生活的功能"一种"空间表达"。结果，包豪斯与"对称立面形式"的"学院派态度"展开了斗争。包豪斯的目标因而与第一次世界大战之后的文化和社会状况紧密相连。为生活服务意味着要弥合"现实与精神之间的裂缝"，用吉迪恩的话来说，就是"思想和情感"之间的裂缝，要恢复人的整体个性。"现实"主要是指工业化生产的世界，同时也指表现开敞，运动和变化世界的现代艺术的"新见解"。为了这种新现实的基础，人们必须在真正的意义上做到激进，必须回到根基，以理解一切事物的真正属性。用格罗皮乌斯的话来说，"每一个事物都由其本质决定。"早期现象学中的战斗口号"回到事物本身"很明显在此得到了共鸣。结果，包豪斯的训练从对材料的属性，简单的结构和基本形式如线、面、体的具体学习开始。从总体上看，"通过动手来学习"是基本的教育原则。

"为生活服务"因此是从艺术的角度来理解的，而不是作为一个理性规划的问题。之所以这样强调，是因为包豪斯思想常常被解读为一种理性的思考。在其关于包豪斯的书中，格罗皮乌斯强调指出了这种误解，1935

年他又在《新建筑与包豪斯》一书中重复道："……很多人认为新建筑的根本原则是理性主义，实际上理性主义只是它的清洁剂……。满足人们灵魂的美学需求与人们对物质的需求同样重要。"所以把包豪斯思想解读为"功能主义"也是一个错误。在格罗皮乌斯谈论"生活的功能"时，他并没有认为是可度量的人们行为和材料来源，而是每种生活状况作为整体一部分的意义。

功能因而是从质量而不是数量的角度来理解的。勒.柯布西耶在早些年也表达了类似的看法："通过使用原材料，从多少为实用的状况开始，人们已建立了某种引起情感的关系。这就是建筑。"（《走向新建筑》，1923年）"生活功能"的"空间表达"因此并不在于理性的分布和适应，而是在于创造互动且富有质量的领域。包豪斯校舍的主体部分就是一个很好的例子。作为一种艺术创造，新的空间性应当在其动态复杂性中"显现"生活。如果我们用这种思想来体验包豪斯校舍，建筑物就非常富有意义。

包豪斯目标的方法和手段可以通过与剧场演出的比较来描述。格罗皮乌斯在 1923 年《国立魏玛包豪斯的设想和建设》的计划中写道。"剧场表演具有某种交响的统一，与建筑非常相像。在建筑中，每一部分的特征汇集到整体的更高生活之中，就像剧场表演那样，多重艺术问题以自身的法则构成了更高的统一。"在格罗皮乌斯兴建包豪斯的同时，他还为柏林的皮斯卡托做了一个"整体剧场"方案。在剧场所能提供的许多可能性中，环形舞台特别有趣。环形舞台围绕观众，表现了现代人被"抛入"一个具有复杂情况的世界之中。不像古希腊剧场给人以人在世界"中心"的感受，而是使人们参与到各种力量无限和动态的相互作用之中。与其他作品相比，整体剧场的设计更好地表达了当时的存在状况，为理解新建筑的出发点提供了线索。

当然，包豪斯还是缺少了某些东西。当我们说包豪斯是一种开启的期望而不是终结时，我们是指早期现代主义的"排他"方法。尽管目标是为生活服务，但生活实在的某些方面却被故意地排除在外，因为这些方面被十九世纪的历史主义方法"贬值"了。为了获得本真的事物，人们应当回到"根基"，"重新获得最原始的事物"就像之前什么也没发生过那样。"（吉迪恩）早期现代主义的"简洁"就是这样。问题在于这种简洁性如何得以发展，来满足现代生活的整体复杂性。

在解释理论和实践是如何在包

豪斯得以结合时，格罗皮乌斯提到了音乐。"音乐家在使声音成为音乐时，他不仅要靠乐器，而且还需要理论知识。没有这种知识，他的想法就无法从混乱中产生出来。"通过这个观点，他使自己的目标更为精确，同时他也承认，一种设计和建筑的理论仍然缺乏。而现代音乐的发展超出了其初始的"无音调性"的阶段。经过数年研究，舍恩伯格（Schönberg）发展了自己的"用十二种音调进行作曲的方法"。这种研究表明，表现开敞的世界不仅需要一种新的词汇，而且需要一种新的"语法"。

类似的努力也出现在建筑领域中。勒·柯布西耶于 1926 年发表了他的"新建筑五点"，密斯在 1929 年通过巴塞罗那的德国展览馆表述了他的"明晰建构"的概念。不过，这些努力与舍恩伯格的研究成果相比，仍然很有限，并不能取代以往的建筑风格。包豪斯力图追求一种"设计理论"，但是却没能获得令人信服的成果。这部分是由于格罗皮乌斯担心会重新陷落到学院派的规则，也部分是由于缺乏对生活"结构"本身的足够理解。因此，包豪斯建筑仍处于"无调性"的发展阶段。正像音乐中无调性代表了对调性的封闭系统的反对，包豪斯用三维拼贴来取代传统建筑的透视空

200. Gropius: Total Theatre (1926).
图 200. 格罗皮乌斯：整体剧场（1926 年）

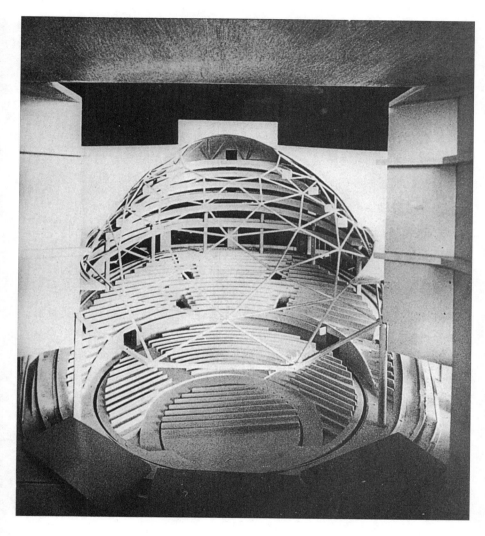

间。为了超越这个阶段，人们需要更为深刻地理解空间作为"生活发生地"的意义。

今天我们知道，这种理解出现在 20 世纪 20 年代；在包豪斯创办的 1926 年，哲学家海德格尔完成了他的著作《存在与时间》，以人们的存在于世作为书中论述的出发点，讨论了存在于世的结构。海德格尔因此超越了早期现象学的"无调性"的方法。他的思想本应当成为本真建筑的基础，但却花了 50 年的时间使关心环境问题的人了解海德格尔的思想。而在那段时间里，人们求助于心理学和社会学，但却不那么成功。

现代建筑的发展因此听凭偶然，其弥合理论和实践（思想和情感）的目标没有达到令人满意的程度。格罗皮乌斯在他自己的作品中，几乎没有超出包豪斯校舍的设计；他的后期作品比较软弱，因为包豪斯生活所能提供的那种灵感逐渐消失了。他在美国设计的作品看上去像是现代陈腐元素的并置，从而没有从任何一方面来实现在其早期作品中所展现出来的希望。那么为生活提供服务的新建筑的想法难道只是一个幻觉？为了回答这个问题，我们有必要把格罗皮乌斯和总体上的现代运动联系起来，以获得一些线索。

我们有正当的理由来讨论现代运动，因为领头的先锋人士确实在一些基本原则上是一致的，例如对具体表现新的"开敞"空间性的追求。勒·柯布西耶着重于构成的表达方面，密斯则强调空间中的规则和秩序，而格罗皮乌斯则主要关注空间的人文内容。他对现代建筑历史的贡献，在于他早先把生活和空间相联系的能力。他在美国的合作者几乎没有认识到这一点，而其他一些建筑师则创造性地发展了"人文主义"建筑的思想。其中最突出的例子就是 A·阿尔托（Alvar Aalto）的作品。在这些作品中，我们既可以看到对人们"运动"的同样兴趣，以及让生活发生在适合的空间领域的类似愿望，也可以看到对形势的相互作用和整体性的类似强调。阿尔托于 1929 年在设计的疗养院是一个早期作品，它在许多方面类同于包豪斯校舍。在他的后期作品中，阿尔托以多种方法发展了人文建筑的思想。他不仅研究新空间性在形式上的可能性，而且将范围扩展到与地方和地区条件相结合。总体上看，他表明了生活总是被理解为开敞的过程形制。格罗皮乌斯作品中所展示的希望，在阿尔托的作品中得到实现。

不过，阿尔托的成就并不能否定格罗皮乌斯追求设计理论的愿望和必要性。即使最不相同的过程形制，也有共同的基本结构，例如人们生活总是发生在"大地上"这个简单的事实。也许我们还记得，包豪斯校舍有一经过设计处理的连续基座。格罗皮乌斯知觉到，建筑是人们存在于世即在"大地和天空"之间存在的具体体现。阿尔托的学生 D·J·伍重（Dane Jörn Utzon）提出了用这种思想来设计建筑，他以平台和翱翔的屋顶设计为人文主义建筑提供了一种新的逻辑表达和力量，同时又保留了开敞的动态性。

今天，许多人重新主张基于具象立面和意象主题的建筑。我们并不拒绝这些，而是要指出，它们也应当是动态三维体系的一部分。如果放弃了包豪斯的新的空间性，现代建筑就只会死亡。

后现代主义

走向本真建筑

许多构成"后现代"建筑的倾向和潮流有一个共同点：对意义的需求。

在过去的数十年间，我们的环境不仅有污染和城市杂乱无章的延伸问题，还有使人们丧失归属和参与质量的问题。结果，许多人认为生活"没有意义"，人们之间关系"疏远"。"意义"一词显然意味着某些无法量化的东西。人不会去认同数量，而是去认同超越仅为功利的价值。

作为艺术，建筑总是关注这种质量。然而在今天，建筑的艺术尺度几乎被遗忘。环境的单调性是这种情形的一个方面，我们的地方变得更加雷同，丧失了过去人们熟悉的场所精神。

另一方面，现在的许多环境是无序的，不可能去发展任何令人满意的环境"形象"。单调和无序看上去是相互冲突的现象，但通过进一步的考察就会发现，它们与一种更为普遍的危机方面相互联系，这个方面也许可以被称为"地方的丧失"。这种丧失在总体上被解读为是现代建筑的失败。结果，后现代主义追求一种"有意义"的环境，摒弃功能主义的信念即建筑形式可以被减缩为是实用、社会和经济状况的转换。[1]

在解决这个问题的众多努力中，文丘里的多元"复杂性"和罗西的理性"类型学"特别突出。两位建筑师在过去的 10—15 年间在建筑界起到了催化剂的作用：他们不仅通过富有争议的作品，而且通过著书来解释和支持自己的观点。文丘里以反对以单调性作为出发点，倡导表现"丰富和含混现代经历"的复杂建筑。[2] 而罗西则反对随意的多样性，力图回归到一种可以被所有人都理解的简单和典型的形式。[3] 所以两位建筑师对同一个问题提出了相互对立的答案。比较两者的思想方法，也许会使我们更好地理解当今对意义的需求。

在为文丘里早期著作《建筑的矛盾性和复杂性》所写的引言中，V·斯卡利（Vincent Scully）指出，文丘里"使我们睁开眼睛来看待美国事物的本来属性，他从通常令人迷惑和批量生产的环境中，创造了实在的建筑，创造了艺术。"[4] 换句话说，文丘里以现有的日常生活而不是"更好世界"的理想形象作为出发点。因此，他喜欢那些"混杂而非'单纯'，折中而非'纯净'，变形而非'直接'，含混而非'清晰'的元素……"[5]；从总体上看，他喜欢"兼容"而不是"专一"，主张"困难的包容整合，而不是排他的简单统一。"[6] 文丘里在书中分析了古今建筑物，以说明这种观点。这些分析被用来解释建筑构成的原则，例如"容纳"，"适应"和"感染"，表现出他对"复杂现实中的具体矛盾"的兴趣。总的来看，文丘里追求一种在"下列关系之间的微妙妥协：秩序和实情，外部与内部，私密与公共"。他说："从外到内和由里向外的设计产生了张力，这有助于产生建筑。建筑出现在内部和外部的使用和空间力量的交会之处。墙体成为一个建筑事件。"[7] 文丘里的重要贡献在于提醒人们墙体的重要性，因为建筑在其中产生。他开启了一种对建筑形式更具体的理解。

使用"熟知元素"对文丘里来说特别重要，比如引用以往的建筑元素。他说："熟悉的元素出现在陌生的背景中有一种既新又旧的感受。"[8] 通过引入熟知元素，文丘里开创了所谓的"激进折中主义"。[9]

这词意味着意义主要与"记忆"有关。在我看来，文丘里所涉及的是两种意义：空间上的，这来自"内部与外部力量"的相互作用；以及图像上的，这由记忆来决定。不过，他没有阐明力量和记忆的属性，因此他的理论基础还比较模糊。最近，文丘里把建筑定义为"庇护所加装饰"。[10]

庇护所作为简单或复杂的空间容纳功能，而加在其上的装饰则表现了意义。他认为，与当今日常生活相联系的图像比空间关系更为重要，因此，

"当建筑物作为空间中的一个标记而不是形式，环境就具有质量和意义。"他还指出，庇护所加装饰可以用现代技术来完成，而结构系统则成为"装饰的网格"。他的作品表现了他的设计方法。[11] 作品中带有空间和内外关系的相互微妙作用，同时又满足了复杂的功能需要。主要立面的设计通常结合了形象质量和暗示广泛内容的细部。他的建筑总体上可概括为"多元建筑"，它不以理想形式为依据，而是表达个别情形。

罗西在其早期著作《城市建筑学》中说明了自己的建筑思想，讨论方法的"哲学基础"和具体的实现。[12] 书的目录中给出了有关意图的线索。以城市为出发点，以意大利城市和他对"建筑的集合属性"理解为背景。[13] 尽管带有马克思主义的观点，但他并没有从社会和经济的角度来定义建筑，而是强调了具有"恒久"和"意义"的建筑事实，这个事实由"纪念碑"构成，成为环境中的焦点，产生了城市的形式。他因而认为城市是一件有待分析和定义的艺术品。书中的分析通过"分解"的过程来进行，整体被分为"城市事实"（主要是建筑），它由部件构成，例如圆柱体形的柱子，壁柱墙板，三角形和半圆形山花墙，梁式大桥，敞厅和柱廊，通常带有十字形窗棂的方形窗，平屋顶，锥形屋顶，还有半圆穹顶。[14] 这种"分解"是从理论上而不是具体方法上完成的。与文丘里形成对照的是，罗西几乎没有具体的实例分析，而是通过理性来获得元素的。元素因而被减缩为最为简单的"典型"形式。一栋建筑物由这些"元素"加在一起完成。在罗西作品中出现的这种过程绝对纯粹。实际上，他反对所有的"转变"，相互渗透和衔接，元素相互并置，从而回避表现元素的相互作用关系。为了不损害构图的理性属性，他还避免使用装饰，几乎不强调材料的质感。结果产生了一种极为简洁的建筑，其基础是典型元素，用它们的不同组合来构成高级类型。由此而产生的作品看上去像原型的形象，以表现建筑的"精髓"。罗西说，"类型是建筑的根本思想，更接近建筑的精髓。"[15] 他引用卡特勒梅尔·德坎西（Quatremére de Quincy）的论点来强调，类型并不是一个用来模仿的具体"模式"，而是很多作品所共有的普遍思想。[16]

类型概念是对恢复建筑意义的一个重要贡献。它提醒人们这样一个事实：历史上的建筑基本上是以类型的变体为基础的。但罗西及其追随者并没有能令人满意地发展这个思想。类型的起源并没有得到解释，其意义仍然模糊。尽管地点一词在罗西的书中常常出现，但他并没有研究场所的结构和特征。他因而并不能解决用一种类型来适应特定地方情况的问题，而是把类型当作固定的模式，以机械的艺术合成形式出现（尽管卡特勒梅尔曾经有过警告）。

从总体上看，罗西把建筑定义为"自主的"学科，尽管他说建筑是"人们整体的一部分"[17]，"自主性"显然在于刚刚提到的艺术合并，但它与人们生活的意义却没有得到解释。罗西著作中令人最不舒服的就是人的整体缺乏。[18]

罗西理论的柏拉图根源是明显的，他所追求的是，决定了个别现象意义的永恒精髓。他采用了法国启蒙运动理论家的方法，并从中学会了将事物分解为个体并进行归类。因此，将他的方法概括为"理性主义的"是合适的。[19]

文丘里和罗西的思想代表了在追求建筑意义方面的一种有趣尝试。前者试图揭示每种生活状况所隐含的内容，而后者则追求"永恒的真理"。文丘里是"充满活力的"和具体的，直接运用过去的经历。罗西是"理性的"和"抽象的"，在一种经历毫无价值的理想世界中运作。文丘里通过使建筑相对独立的部分来"调整"内部和外部的力量，而罗西则把独立的"单个元素"加在一起。

以上的比较表明，他们都是以单方面为特征，因此也是"危险的"。"复杂性和矛盾性"很容易堕落为摆弄表面形式，而类型学则会产生僵硬的图解。结果也许会再次产生混乱和单调，从而得出后现代主义已经失败的结论。

显然，在评价文丘里和罗西贡献的同时，我们需要一种对意义尺度更为全面的理解。由于现在的状况与所谓的现代建筑"失败"相关，这种理解须以对现代主义的目标和手段的分析作为出发点。

现代建筑的两面性

对现代建筑的批判通常集中在功能主义概念上。"现代建筑"和"功能主义"成了同义词，从而有了断定：现代主义首先关注的是功利和效率。一些评论家甚至认为，现代运动是为"资本主义的统治权力"服务的，现代运动"牺牲了建筑"。[20]

那么，"功能主义"这词意味着什么呢？各人对它的理解都不完全相同。人们对"功能"的概念多少给予了全面的解读，有时它只指物质和实际的功能，而有时也包括心理和文化的因素。[21] 然而最重要的并不是"功能"这词的定义，而是它与建筑形式的关系。"形式服从功能"的口号通常被认

203. "Symbols devaluated." Bed at the Great Exhibition, London, 1851.

图203. "贬值符号"，博览会上的床，伦敦，1851年

为是功能主义的信条，它意味着，人们通过逻辑地减缩可以量化的需要和资源来得到形式。设计因而成了用一组"数据"去"对应"一种形式。[22] 这种方法显然没有考虑"复杂性"和矛盾性。如果我们认定，意义在于现象之间的质量关系，那么，功能主义也许真的要为当今"场所的丧失"负责。也许真正的理由是对在功能主义背后的生活更为普遍的态度。因为对建筑可以被理性化的希望并不是空穴来风。总体上看，自启蒙运动以来，对现实的科学和逻辑的信奉占据了主导地位，结果产生了希望建筑理性化的要求。在过去的两个世纪中，分析和"规划"已经在所有领域占据了统治地位，而所丢失的正是具体的日常生活世界和与之相联系的存在意义的观念。马克斯·韦伯（Max Weber）已经认识到，理性主义意味着不再抱有幻想。

然而在"功能主义"和"现代建筑"之间画等号是不正确的。在现代运动先锋人物的著作中，"功能主义"一词并没有出现，当确实需要一种理性或科学的方法时，这种方法只代表了现代建筑的一个方面。格罗皮乌斯在1935年写道："……理性化并不像很多人认为的那样，是新建筑的主要原则。理性化只不过是新建筑的一种净化剂……因为人们灵魂上的美学满

足与物质需求同等重要。"[23]

密斯甚至说过："建筑取决于实际情况，但其真正的活动领域则是在意义的王国中。"[24] 而作为马克思主义者的 H·梅耶（Hannes Meyer）却想把建筑减缩为"可度量"的方面："世界上所有的事物都是'功能 × 经济'这个公式的产物。所有艺术因都是构成物而不实用。所有生活因都是功能而不具有艺术品质。"[25]

我们可以断定，功能主义只是现代建筑的一个方面，而且可能不是最重要的一个方面。那么，它的其他方面是什么呢？格罗皮乌斯和密斯告诉我们，现代建筑的真正目的与"美学满足"和意义有关。具有艺术属性是现代建筑的一个主要方面。现代建筑的代言人吉迪恩认为，现代人尽管具有现代思想的能量，但却失去了与自己生活其中的世界的真正关系。这种疏远表现为基于"贬值符号"之上的艺术和建筑。19 世纪的"统治趣味"借用历史风格的形式，成为工业社会中"自学成才"的人们一种"人文主义托词"。[26] 人因此出现了分裂的人格。人们在思想中采用了启蒙运动的目标和方法，但在情感上却没有通过吸取相应的意义来获得新的基础。人的自我表现就是在表面上摆弄形式母题。H·凡·德·维尔德（Henri van

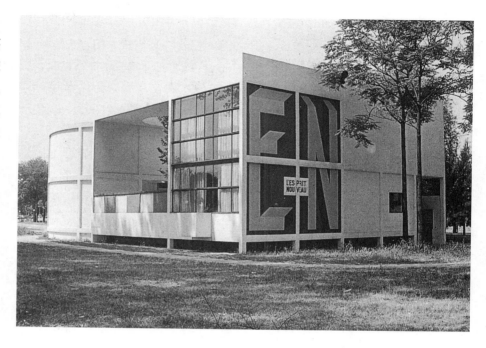

204. Le Corbusier: Pavillon de l'Esprit Nouveau (reconstructed in Bologna).
图 204. 勒·柯布西耶：新精神馆，重建于博洛尼亚（波伦亚）

de Velde）将其概括为形式的谎言。现代运动从反对这种形式"贬值"开始。吉迪恩一再强调，现代运动的目的是要克服"思维和情感的分裂"，恢复人的整体个性。他写道："在社会和政治变革中，长期思维和情感之间的裂痕造成了今天失调的人们"[27]，而要消除这种现象，人们需要新的"诚实"和有意义的艺术和建筑。因此，现代建筑的任务就是要"表达时代的情感和内容"。

这个任务首先具体体现在对"新型住房"的需求上。在 1925 年巴黎的国际艺术博览会上，勒·柯布西耶并没有采用教训的方法或历史的符号，而是用一种通常设计的标准住宅表现了一种新时代的"精神"，他称其为新精神馆。显然，他脑海中的"新精神"与时代的人文和社会问题直接联系。在人们喜欢谈论政治的时代，也许令人感到意外甚至不可理解的是，现代运动从艺术的角度来对待这样的问题。现代运动朴素地认为，那种以为可以通过理性的规划，来实现真正的改善的想法是一种幻觉。改善必须从生活自身中开始，即从拓深的存在于世的意识开始。

现代运动因而也反对学院中的抽象教育，强调"视觉训练"和"动手学习"。包豪斯开设的基础课程实

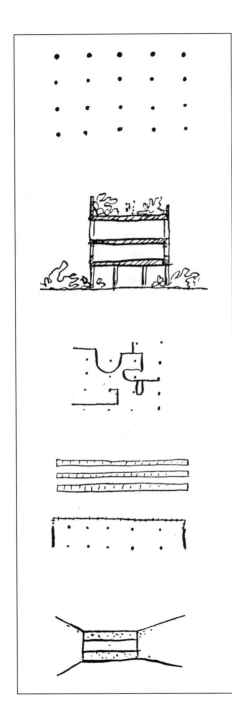

际上就是力图发展"观察，情感和想象"。[28] 当莫霍伊－纳吉（Moholy-Nagy）在芝加哥继续这种教育时，所选择的座右铭就是"为生活设计"。从总体上看，我们可以认为，现代运动是想发展人的想象力。

"当代建筑须走一条艰难的道路。就像绘画和雕塑一样，它必须以新的面貌出现。它必须征服最为原始的事物，就像之前什么也没被做过那样。"[29] 正是在这个意义上，我们来理解密斯的名言"少就是多"，我们也会记得布兰库希（Brancusi）曾说过："简单并不是艺术的目的，然而人们会不由自主地获得简单，以接近事物的真实感觉。"在新的住宅中，这种简洁被具体化了。不过，现代运动的目的并不只限于住宅。吉迪恩把现代建筑发展的第二阶段定义为"城市生活的人性化"，第三阶段定义为"新的纪念碑"，也就是象征人们社会，仪式和社区生活的建筑物。[30] 在 1954 年，他又加上"新地区主义"作为第四阶段，他指出，在做设计之前，建筑师必须研究当地的生活方式。[31] 今天，城市环境，象征或具有表现力的形式和地方特征成为主要的议题，但几乎没人记得这些曾是现代运动目标的一部分。

四个阶段一起构成了吉迪恩所说的"新传统"：显现和发展我们时代中"隐含的综合"。[32] 这里应该加上，吉迪恩是最早提出要保护历史环境的人士之一。战后，他反对发生在自己家乡苏黎世毁坏历史住房的行为。我们也许记得，他在《空间，时间和建筑》一书中，以对这些历史现象的讨论开始，他认为，这些现象是现代建筑发展的"构成事实"。

现代运动的先锋人士不断声明，愈合思维和情感分裂的手段是"新的空间概念"。[33] 重提这个众所周知的事实似乎显得多余，但不幸的是，新的空间概念在今天困惑局面中会有丢失的倾向。显然，现代运动的目的是要显现一个开场和动态的世界，表现人们自由的一种新的理想。总的来说，"开敞布局"应当为现代生活"提供空间"，包括其复杂性与矛盾性，这很不同于普及现代建筑的通俗人士所喜爱的总体开敞性。但是，开敞布局只是满足了新空间概念的一个方面。任何布局都需要具体地点来实现，密斯相应发展了"清晰构架"的概念。他说："结构是整体的支柱，没有这个支柱，布局就不自由，而是混乱，因此受到阻碍。"[34] 用康的话来说，清晰构建意味着"建筑知道自己想要成为的形象"。然而庸俗人士却使清晰构建降为模数的系统安排。开敞布局

206. Mies van der Rohe: "Logical construction" I. I. T.
administrative building, design.

图 206. 密斯·凡·德·罗：逻辑构成，伊利
诺伊理工学院行政楼，方案设计

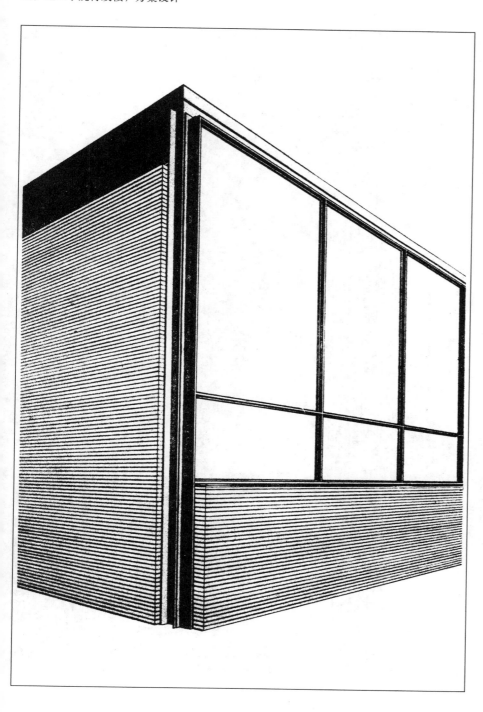

和清晰构建满足了新的空间概念。

我们知道，现代运动从一开始就关注意义的问题。在使用"情感"这词时，吉迪恩显然是指与有意义的环境的一种本真关系。许多现代作品"崇拜最少"的特征因此表达了一种回到某种纯真的愿望。与此同时，现代运动也把科学和技术当作必要而有用的助手。作为"净化剂"的理性分析应当为新的环境提供一个客观的基础。然而，先锋人士也认识到，单纯的思维会产生一个无意义的世界。思维应当富有灵感，而真正的灵感只能来自生活。所以，现代运动用具体和环境的术语定义了自身的目的。

然而，对现代建筑的实际批判证明，它的结果还没有其目的和方法那样令人信服。尽管现代运动肯定没有"牺牲"建筑，但场所的丧失却是一个事实。除了那些具有特殊天赋的领头人士的作品之外，现代运动的结果主要以单调和摆弄现代贬值母题为特征。对现代建筑两个方面的讨论，我们比较容易理解所发生的事情。环境的单调因而来自"功能"方法的单方面主导，而视觉混乱却是由于对艺术性方面的肤浅理解。换句话说，场所丧失情形的出现，是因为现代运动没能成功地愈合思维和情感的裂缝。

我们的讨论进一步表明，文丘里

187

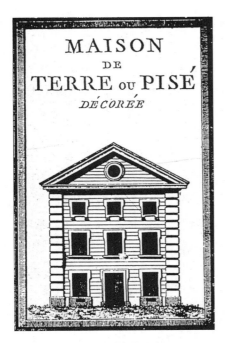

和罗西的方法也同样根植于这种分裂之中。

文丘里推崇艺术的方面，致力于表现那些无法被理性化的内容。从总体上看，他更新了现代运动的远处目标，因而在"新传统"中找到一个位置。然而他的"装饰外壳"的概念却可以认为是无奈地接受了前述的思维和情感的分裂：外壳是功能技术的构架，而意义只是被加在"表层"上。[35] 罗西则正相反，不属于新传统。他的理想建筑并没有艺术的目标，而只是表现了对理性主义方法的极端解读。他的目的显然是要超越功能主义的具体逻辑，以建立一个绝对的基础。然而，为了达到这个目的，罗西却离开了我们日常的生活世界，其作品也相应表现了一种疏离的生活。[36]

今天，思维和情感的分裂似乎比以往更为强烈。各种"设计方法论"将功能方法带到顶点，而"建筑符号学"把意义的尺度减低到只是习惯和品味的问题。

在此，我不想讨论设计方法论，而只想对符号学做一些评论。与上述的那些方法正相反，建筑符号学并非来自建筑实践，而是一种分析和批判的方法，即解读的方法。[37] 不过，这种方法对实际的作品是重要的，其实际的影响已经可观，尤其是在对意义的需求方面。

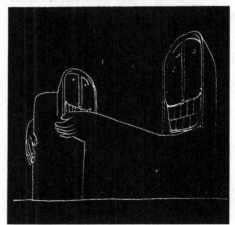

符号学家把意义看作为交流的一个基本方面，因而是一个语言学的问题。建筑"说话"，使用"符号"，相当于口语中的词汇和句子。C·詹克斯（Charles Jenks）是一位建筑符号学的重要倡导者，他是这样来解释这种方法的："人们总是用另一建筑物或类似的物体来察看建筑物的；简言之，作为一种隐喻。"[38] 换句话说，建筑物的意义在于它"看上去像"其他某物。

210. "Towards an Authentic Architecture, " Moore, Lyndon, Turnbull, Whitaker: Sea Ranch.
图 210. "走向纯真建筑",MLTW（Moore、Lyndon、Turnbull、Whitaker）:海滨住宅

建筑的整体和部分都是这样。詹克斯因而把建筑物看作是"大理石炸面圈","叠置的电视机"或是"一架黑色的钢琴",圆顶看成"洋葱"。建筑整体或部分相应地成为符号或与被指相关的"能指","建筑语言"就是这些符号的系统。语言主要通过选择和习惯来发展,因而可以被理解为代表一种特别"趣味文化"的编码。[39] 很明显,这意味着意义的相对性,尽管有些符号学家并没有排除"原型"符号的存在。

在我们看来,符号学把意义的问题减为那些比较表面的一个方面。如果某一事物（建筑物）的意义在于与其他事物的关系,那么这种关系显然要比相似的"外观"要多得多。一把壶与酒和水有关系,但看上去却不像液体!我们仍然可以把握它的"意义"。我们因此基本上不用另一种事物来看待某一事物,或是把它视为隐喻。关注意义和解读问题的哲学家们很知道这一点。C·巴什拉因此说过:"隐喻只是表现的一个（偶然）事件,将其作为一种思想是危险的。隐喻是一种虚假的形象。"[40]

这个评论暗示,符号学也许并不足以解释语言,尤其是诗一般的语言,同时也意味着艺术也许根本不能被认为是"语言"。一般来讲,将对建筑的解读建立在从另一个领域借用来的方法之上,能得到什么是值得怀疑的。我们还要加上,符号学并不是关注意义,而只是讨论一些交流机制。作为一个典型的思维和情感分裂的产品,符号学把意义的尺度减为实用的方面。

现代运动想使建筑成为人们日常生活世界的一部分,从而帮助人们获得一种新的存在根基。然而它失败了,因为它不了解那个世界的结构。

现代运动并没有发展一种对待现实的统一方法,而是继续将"艺术"和"科学"分开。它的哲学基础因而含混不清,建筑作品的质量完全取决于建筑师个人的天赋。

然而把思维和情感的分裂看作是一种不可逆反的事实,从而背离现代运动的原初目标,是解决不了问题的。新的传统基本上是健全的,但它需要一个更好的基础来发展得更好。这个基础只能建立在对人和建筑所构成的日常生活世界更深理解的上面。

建筑中的意义

"生活世界"这词是指由自然和人造事物构成的日常世界,是指人们行为和相互作用的日常世界。[41] 我们需要一种新的方法来描述这个世界的结构。我们不能运用科学的概念,因为作为一种物质原则,科学从给定的实在抽象出来,以归纳和获取"自然法则"。我们的目的是要更清楚地揭示周围给定事物的属性,我们的描述因此必须是具体的,而不是抽象的。使得这种描述成为可能的学科,就是现象学。"回到事物本身"是早期现象学大声疾呼的口号,其目的是要掌握"事物的事物性"。[42] 然而到目前为止,现象学主要关注本体论和心理学,而没有关心这样的"环境"。[43] 我们所需要的是"环境现象学",以研究生活世界的"空间"属性方面。[44]

"发生"（Take Place）这词的含义可以作为我们讨论的出发点。当某些事物出现时,我们就会说它发生了。"场所"因此构成了生活世界的内在部分。我们不会一方面有"生活",而另一方面有"场所",这两方面是一个统一的整体。"场所"一词通常是指一"具体"地方,而且有相应的特征,因而不同于各向同性的数学空间。人们也用这词来命名自然和人工的地点。

我们可以认为,"环境现象学的研究对象"是与"生活"相联系的"场所的属性和结构"。我们日常的生活语言,揭示了生活世界中那种具体的非欧几何的空间属性。所以我们说,某一事物如一建筑物,在地面上,在树林中,依着山丘,在天空下,或更普遍一点,在自然环境中。空间关系在总体上是指质量上的不同,"上"与"下"的不

同。我们也可以通过述说事物的站立、升起和伸展来理解同样的关系。在这两种情形中，我们指出了事物是如何"存在于世"的。空间关系应当被统一在更为全面的概念中。在讨论中，我们引入"大地"和"天空"作为广义的术语。[45] 生活肯定发生在"大地之上，天空之下"，与这两个王国的普遍和具体特征相联系。大地或向地平线伸展，或向天空升起。从局部看，大地由岩石、植被和水体形成的多种组合体构成。天空并不那么有形，但有颜色，"高度"和光线的质量。大地和天空一起构成了"自然环境"，它是具体场所的基本形式。[46] 显然自然环境具有结构，构成了不同的场所，例如，谷地、海湾、海角、山顶、树林和林间空地。

所有场所都由特别属性的"事物"来限定。我们已经讲过，事物的属性主要在于它们以某种方式在天地中的存在。它们在"世界中"，其间所含有的关系构成了它们的特性。我们可以说，它"有一个世界"，即世界中的某一事物在于与其他事物的关系中。我们把事物定义为一个世界的"集中"或"集聚"，而不是把它理解为柏拉图意义上的对原型的"不完美"的反映。"集聚"实际上是"事物"这词的原初含义。[47] 某一事物集聚的世界就是世界本身的意义。一个场所的意义取决于其构成"边界"的事物。意义应是内在的属性。当我们说生活"发生"时，我们是指人是其他事物中的一个事物，他存在于世的空间性与具体场所的空间性相关。"发生"一词因此意味着场所和"中心"，道路由此延伸到环境之中，限定了人们的行为世界。然而生活不仅发生在大地之上，而且也发生在天空之下，竖向性因此是具有不同质量的方向。人们"存在空间"的最简单的模型因此就是水平面上穿过一条竖向轴线。[48]

作为"存在"，人们显然不只是其他事物中的一个事物。他也在"情绪"、"理解"、"述说"和"与其他人同在"的世界中。[49]不考虑这些结构，就无法理解生活世界，因为人们通过这些结构与其他"元素"相关。"情绪"表示当下的思想状态，是人与环境的主要关系；"理解"包含了认知和其他实际和智力方面的能力；"述说"是意义的揭示和交流；而"同在"则表示社会交往和联系的结构。应当强调的是，所有这些词汇命名了包括人在内的生活世界的基本结构，而不是"人类属性"的方面。因而主体与客体的分裂消失了，使一种全面的环境现象学成为可能。

存在结构也有空间上的含义。"情绪"意味着人们认同给定的环境特征，

214. Sea Ranch.
图 214. 海滨住宅

"理解"表明人们在空间中的定位,"述说"表现状况的空间性,"同在"是指人们共享这种空间性。我们也可以说,人们通过掌握意义的方法来认同构成环境的事物,通过站立"之下"或其间来定位空间关系。"情绪"和"理解"是人们存在于世的相互依赖的两个方面,表示了思维和情感的基本统一。

在我们要讨论的情况中,"述说"具有特别的意义。

作为人们的"述说","建筑作品"揭示生活世界的空间属性。首先,使用空间是任何事件发生的前提。德语中"Einraumen"一词很好地说明了这一点,它意指"提供空间"或"允许"。最初,这词是指在林中劈出的一块空地,不过它也指人造的围合结构。在这两种情况中,边界限定并决定了空间的特征和意义。围合结构与边界的建造相关。作为具体"事物"的构成,边界具化了与事件发生的相关特征。空间的存在和特征的体现构成了场所。[50]

场所是不同生活状况的一部分。很明显,各种形式的整合更为重要。用路易斯·康的话来讲,这些形式就是"社会机构"。像"家"、"学校"、"商店"、"教堂"、"广场"和"街道"。场所成为社会机构的住所。

任何情况都需要一种特别的空间。一种相关的特征尤其重要,因为它体现了相关机构的"情绪"。然而，机构的空间与机构所在地的空间相关。所以人造环境可以被理解为"在天地之间"的具体地点的机构。我们可以由此引申，场所具有一种既普遍又具体的结构，建筑就是创造场所。建筑提供空间，体现特征。所创造的场所是社会机构的住所。它们因此是类型学的一部分。

换句话说，一种类型反映了一种基本的生活状况。这样的类型是一种抽象，但在单个的作品中却"体现"为特别的空间或建筑。城市就是这种体系的体现，或者用康的话来说，是"社会机构集合"的地方。只有用"类型学"和"形态学"，即用空间秩序和具体特征，才能描述场所普遍或特有的结构。必须强调的是，除非为了分析的目的，这些方面是互相依赖且不可分开的。[51]

"类型学"关注空间秩序，包括为不同社会机构提供空间的问题。在单个作品中，它意味着一种特别的"空间组织"。除了人造特征以外，类型学关注更多的是场所结构的抽象方面。但它并不从数学的角度来研究空间，而是探讨"生活"或"具体"空间的属性和可能性，出发点是存在空间这个模式，即"中心"和"通道"的概念，从而获得空间元素和相互关系的定义，以及对这些完整类型的分析。

作为类型学方面的例子，我们会想到农场和村落的非几何组织形式（团块、行列、围合），古罗马布局中的轴线对称，巴洛克布局的放射形制，以及现代建筑的"开敞"和流动空间。在类型的描述中，"内部"与"外部"的区分具有特别重要的意义。总体上看，类型学基于对空间性的理解，我们称之为"定位"。心理学意义上的定位隐含了一种"环境意象"，它使人们对环境的理解成为可能。[52]空间关系运用格式塔原理和几何学作为描述的工具。

"形态学"关注建筑的"形象"，在具体的作品中就是"形式的深入表现"。一种空间组织可以用许多方式体现出来，而特征也相应地改变。总体来看，建筑形式的特征，取决于其在天地之间的形象。"形式"这词在此是指众所周知的建筑元素：地面／楼面、墙体、顶棚／屋顶。它们一起构成了空间的界限。[53]形态学因而关注边界的形式表现，是用来限定环境特征的一种方法。形态学提出这样的问题："建筑物是怎样站立、升起、伸展、开敞和关闭的？"站立是指与大地的关系，升起是与天空的关系，伸展是与地平线的关系，而"开敞"和"封闭"则是与内部和外部的关系。

站立是通过对基座和墙体的处理来体现的。厚重凹曲的基座使建筑物紧贴大地，而对竖向的强调则力图使建筑"自由"。竖向升起的线条和形式（例如齿状剪影）表现了与天空的积极关系和接受光线的愿望。竖向性和宗教愿望实际上是一同出现的。内外之间的关系首先是通过对墙体的开口处理来表现的。在墙体中，大地和天空会合，生活世界的空间意义体现在这个会合之中。

传统的建筑正面有三部分：与大地相关的底层和基座，与天空相关的顶层和阁楼（也是"山墙"），在它们之间是作为人们主要生活空间的主层。有趣的是，教堂建筑的基座层总是被压缩的，而古典宫殿的顶层总是被减缩为附属的阁楼层。

这两种机构通过墙体的处理表现出来。我们还可以进一步列出基座与檐部的某些基本关系，它们与地形面貌的类型有关。

然而，建筑物在天地之间的存在不仅仅只限于横向韵律和竖向伸展。"大地"和"天空"也隐含了像材料、质感和色彩这些具体的属性。所以，形态学视体现为一种人工结构。通过建造，特征得以真正表现。在古希腊人看来，"techne"（即技术）这词实际上是指使某物表现出真正的面貌。

康的"受灵感激发的技术"[54]的概念更新了这种思想。总体上看，形态学表现为"情绪"的空间属性，从心理学上意味着对环境的认同。

形式的处理因此是生活世界的一个基本质量。

类型学、空间结构学和形态学共同构成了"建筑语言"。建筑语言的任务就是从总体上把生活世界的空间属性转化为人工形式。这个转化过程是通过集聚的过程来实现的。作为一个事物，建筑物"集聚了世界"。建筑物所积聚的是大地和天空、人们与事物，人们与他人的"关系"。我们也可以说，建筑物所积聚的是居住环境。集聚通过"显现"、"补充"和"象征"等手段来完成。显现是指用建筑作品来强调和说明环境的空间属性（秩序和特征）。补充是指建筑物增添了环境所缺乏的东西，就像"沙漠中的人工绿洲"那样。象征把一个"理解了的世界"从一地移到另一地。远古的人们发现了在特定地点中生活世界的基本结构，它们被认为是"神圣"的。通过建筑语言，人们可以把自己的理解转变为人造中心，成为文明的集聚中心。然而象征并不意味着建筑形式是符号学意义上的一个"标记"。作为一个事物，建筑形式以某种方式存在于世，成为一种世界意象。[55]

引用传统历史上的元素显然属于象征。

引用表明了曾经完成的世界集聚，表明人们对以往经历的利用。我们因此看到，某些集聚，如空间组织和明晰形式，在历史中保持了一种正当性。引用因而被用于在普遍和具体的环境中整合建筑作品。然而这么做，引用必须属于新的建筑作品，也就是说，引用必须与新作品在天地之间的关系相联系。如果只是武断地"运用"引用，就会产生时代的错误。当引用显现和补充新的集聚，它就不仅是有意义的，而且表明，存在于世总是一种新旧共存的状况。[56]

场所的结构，即生活"发生"的"尺度"就是场所精神。古罗马人相信，每一个事物都有自己的精神，都有自己的保护精神。

这种精神为人们和场所提供生活，伴随他们从生到死，决定他们的特征。精神因此与事物的存在对应。不过，我们并不认为精神是柏拉图式的"精髓"，而是它所集聚的世界。这样，我们就把场所概念从理想主义和相对主义的极端方面解放出来，成为现实生活的一部分。

人们需要听从所在生活场所的精神。我们应当成为环境的"朋友"来获得存在的根基。沙漠中的居住者必须与无限伸展的沙漠和炽热的太阳为友，而北欧森林的居住者则要喜爱雾雪和冷风。这样一种"友谊"意味着环境被体验为是"有意义的"。外部与内心世界的对应因此建立，人的心灵基于理解。当事物被理解时，就相互接近，世界成为世界，人们找到自己的特性。

对环境的友谊意味着对场所的尊重。我们应当倾听"场所"，努力去理解它的精神。[57]只有这样，我们才能赋予它新（与旧）的诠释，促使它的自我实现。其中所隐含的"创造性地适应"应当成为建筑实践的基础，以往的情况就是这样。[58]分析的科学不能实现这个目标，对建筑形式符号学的解读也不能达到这个目的。我们需要一种新的现象学的方法来理解事物所集聚的意义。尊重场所精神并不意味着"凝固"场所和否定历史。恰恰相反，它意味着任何时候的生活都是有根的，历史成为某些事物，而不仅仅是一连串的偶然事件。

与场所成为朋友意味着关照场所。关照意味着"关心"，它在此理解为"创造性的适应"。本真的建筑是一种关照的建筑，也就肯定是"参与"的建筑。

由于整体性是基本的存在结构，一个场所总是我们与他人共享的某种事物。

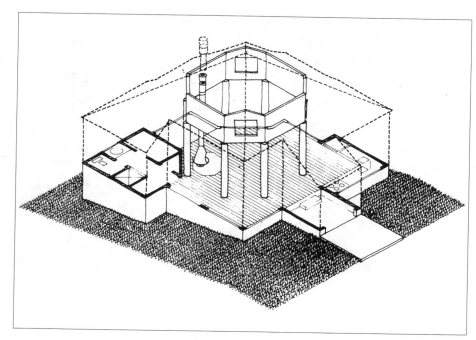

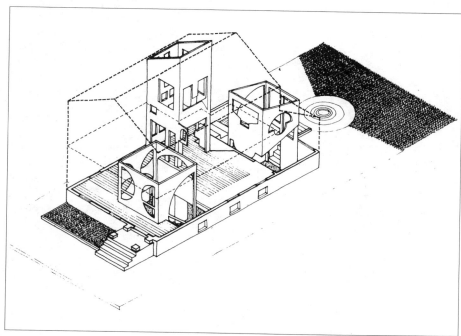

"参与"就是"参加"，即分享共同的价值。场所就是这样的公共享有的价值，参与的建筑只能用场所来定义。事实上，场所被用来定义个人的身份，例如"我是罗马人"或"我是纽约人"。在"天地之间"意味着在某一地点，人们的特性与场所的特性是一致的。共有一个场所意味着具有共同的（但不是一模一样的）特性，即归属于一种伙伴关系。我们所共享的场所具有不同的规模，成为有等级的"环境层次"。

这些层次通常被称为"环境"、"聚居地"、"城市空间"、"建筑物"和"内部"。[59]

当人们归属于一个场所时，他们就居住下来了。首先，他们理解了场所，同时也能够在建筑作品中体现这种理解。本真的建筑是帮助人们居住下来的建筑。人们在建造时便居住下来。作为一个事物，建筑物让居住环境接近人们，使人们体验到存在是有意义的。"建筑的意义"因而不是一个交流的问题。当建筑作品揭示了生活世界的空间属性时，建筑的意义就产生了。这种揭示取决于建筑作品的面貌，即从具体的意义上，它的站立，升起，伸展，开敞，和关闭。当一个建筑作品揭示了生活世界的空间属性时，它就是一件"艺术品"。

走向本真的建筑

现代建筑试图"为生活设计"，以为当时所需要的意义提供答案。它的失败是因为它对生活世界缺乏足够的理解，陷入了功能主义和形式主义之中。然而，现代建筑倡导者的一些作品揭示了一种新的本真建筑。为了不忘记这个"新传统"，我们有必要回顾那些最为重要的贡献。

赖特在解释自己的建筑方法时说："我出生在美国的大地和空间中。"[60] 这句话包含了一个完整的生活世界。这是美国大草原开敞的自然空间，同时也是表现人们征服能力的"前方"。所需要的安置和根基也包含其中了。相应地，赖特"打破了方盒子"，把住宅设计为竖向和横向平面的并置，以限定空间的伸展和协调在天地之间的形象。他把竖向的烟囱放在中心，以使住房在伸展时站立和升起。这个中心是开敞布局的一个有意义的核心。

赖特写道："当我看到火在厚实的壁炉深处燃烧时，心里就特舒服。"[61]

我们也可以认为，并置的平面显现了开敞的空间，而烟囱体量却提供了一个认同点，补充了这种开敞性。

赖特接近世界的方法显然不是欧洲理性主义的观察和分析，而是一种对意义的直接感受。用赖特自己的话来说，就是"对现实的渴望"。他

知道如何把这种经历转化到人造形式之中。当然，在运用本真的建筑方法方面，赖特并不孤独。麦金托什（Mackintoshi）、高迪（Gaudi）、老沙里宁（Saarinen the elder）、奥太（Horta）、吉马尔（Guimard）、奥尔德日赫（Oldřich）和贝伦斯也都知道如何收集和解读真正的生活世界。[62] 他们都关注新时代的内容，但由于他们根植于特定的地点，从而得出了不同的解读。因此，在现代运动之初，我们看到了那些富有希望且思想和情感形成新的统一的作品，欢呼一种真正的新艺术的诞生。然而在现代运动发展的第二阶段，即在两次世界大战之间，新建筑发生了变化，变成了"国际式"。这种建筑不以周围的状况为出发点，而是将注意力集中到定义一种新的普遍适用的建筑语言上。[63] 勒·柯布西耶的"新建筑五点"就是这方面的代表。他提出的支柱和横向长窗体现了一种新的站立、升起和开敞。支柱使大地连续，同时也把建筑定义为空间组织。传统的封闭底层被转变为可以看到总体秩序的"开敞地方"横向长窗表现了这种秩序，且不与总体的开敞相冲突。勒·柯布西耶在自己的作品中，把设计发展为形式之间的一种丰富且复杂的相互作用，以去"激动敏感的心灵"。在《走向新建筑》一书中，他

的名言表达了这个目的："我的住房是实用的。我感谢你就像感谢铁道工程师和电话服务部门那样。你还没有触动我的心灵。然而设想一下，墙体向天空升起的方式使我感动。我看到了你的意图。你的情绪是文雅的、严峻的、迷人的，或是高尚的。你那砌筑的石头告诉我……这就是建筑。"

我们不应当因为现代运动没有足够重视地方条件和传统而否定"国际式"建筑作品。建筑是具体的，又是普遍的。即使排除了具体的条件，建筑作品也可以有很大的价值。勒·柯布西耶、格罗皮乌斯、密斯的早期作品中的力度就在于排除了具体的条件。然而不应当只追求普遍的建筑。格罗皮乌斯总是拒绝"国际风格"的，勒·柯布西耶在后期作品中表现了对地方和具体条件的兴趣。很明显，真正场所的创造以"有根基"为先决条件，即使普遍原则适应具体状况。早在20世纪30年代，就出现了对普遍和具体结合的需求。现代运动中的这个第三阶段的伟大领导者是阿尔托。身在一个具有强烈地方特征的国家，他从一开始就致力于创造一种区域性的现代建筑。为了达到这一目标，他把普遍的现代空间转变为复合的机体，在伸展中开敞和闭合，就像芬兰森林和湖泊的连续形制那样。在

作品中，他显现了当地岩石和树木的站立和升起。吉迪恩因此说："芬兰总是伴随着阿尔托的足迹。芬兰为他提供了能量的内在源泉，这种能量总是流露在他的作品中。就像西班牙对毕加索，爱尔兰对 J·乔伊斯（James Joyce）那样。"[64]

"第三代"现代建筑师的作品延续了创造真正场所的努力。一种具有地区特性的现代建筑今天可以在很多国家中看到，从皮耶蒂莱（Pietilä）"芬兰味"的作品，斯特林（Sterling）的"英国味"建筑，范·艾克（van Eyck）的"荷兰式"布局，翁格尔斯（Ungers）的"德国味"方案，博菲尔的"加特兰式"的创新，到 MLTW 的"美国味"住宅。在此，有三位建筑师值得一提：文丘里、波托盖西和伍重。我们无须重复已经提到过的文丘里对"传统元素"的运用，以及他对墙体是建筑"发生"的地方的认识，而只要补充一下，他的思想敞开了对新的空间属性更为微妙的诠释。

波托盖西很有兴趣地把立面处理为天地之间的存在之物。他运用曲线形石灰石墙体把古罗马传统的基本特征和现代开敞结合起来。他也用竖向彩条装饰类似的墙体，来表现建筑物是如何从地上升起，接受天空光线的。不过，他的最为重要的贡献是他提出

的"场所体系"的空间概念。他从相互作用的"场"出发，从理论上发展了这种思想。它被运用在几座有趣的建筑物中。[65]

伍重深切关注空间问题。他设计的并置厚实平台和飞动的屋顶表明了对天地之间的存在的真正理解。[66]这是他作品中的一个普遍主题，这个主题随着地方特征而变化。这种设计不仅隐喻了石头和云彩，而且将基本的建筑"尺度"带回生活之中。他的平台设计使大地富有活力。早期功能主义建筑中出现的抽象质量在此让位于一种具体的地面，给人一种安全感和运动的可能性。进一步来看，他使屋顶重新成为创造空间的角色。早期现代主义多半将屋顶减缩为抽象的水平面，而伍重设计的屋顶则体现了人在"天空之下"的存在。在作品中，他运用这些普遍概念创造了真正的场所，重新恢复了与被理解的环境相关"事物"的图形质量。

上述建筑师对新的形式语言的发展作出了重大贡献，而路易斯·康用更为全面和哲学的方法来追求一种本真的建筑。尽管他用警句般的形式来表达自己的思想，但这些思想却构成了一种内在关系密切的"理论"。[67]他从社会机构的角度来看待空间和特征。他说："你如果创造空间王国，你就使机构富有活力。"他的著名问题："建筑物想成为什么？"，以一种简单的方式集中了他的整体方法。在作品和方案中，康的设计方法产生了丰富多样的空间和形式。它们证明，有意义的本真建筑并不在于"符号"或"原型元素"，而是在于揭示生活世界空间的属性。在这种揭示中，作品既新又旧。康说："我努力寻找用新的方式来表达旧的机构。"总的来看，康发展了"开敞空间"和"明晰构建"观念，因此属于"新传统"。

现代建筑仍富有活力。它的基本目标是要愈合思想和情感的分裂，以创造人们得以认同和定位的场所。为实现这个目标作出贡献的建筑师，摒弃了功能主义的抽象"规划"，使作品基于对环境的理解和关心之上，以满足对意义的需求。

路易斯·康的信息

路易斯·康已成为历史人物。我们只能听到有关他想法的回声，而一种全新开始的希望并没有真正实现。[1] 困惑再次袭扰：尽管我们有设计方法和技术进步，但环境比以往退化得更快。然而，康的建筑作品提醒我们，即使在我们的时代，建筑依然存在。金贝尔艺术博物馆中"不需要"的廊子传达了这个信息。

当我们仔细地来看一看康的论述，就可以看到建筑"理论"的纲要。这个理论显然还不细致，但其基本结构却是连贯一致的。这个理论需要诠释和发展，以成为一种普遍适用的理论。这种诠释和发展因为该理论的哲学基础而不可能局限在建筑理论之中。海德格尔的哲学理论在某些方面与康的理论有着惊人的相似之处，因此对诠释和发展最有帮助。

康的著名问题："建筑物想成为什么？"是通常讨论康的哲学的出发点。这个问题超越了功能主义方法。功能主义作为一种考虑具体问题的原则，从特殊到一般。[2] 而康的问题正相反，因为它意味着建筑物具有一种决定答案的本质。他的方法因此把功能主义颠倒过来了：功能主义从"下"开始，而康则从"上"开始。康不断地强调一种先于设计的秩序的存在。他最著名的论断始于"秩序是"这几个字。

这种秩序含有包括人类属性的自然整体。因此"一朵玫瑰想成为玫瑰"。在早期著作中，康用"形式"这词来指一个事物想成为什么。然而，他一定感到了误解的危险。因为这个词的意义通常比较局限。[3] 他因此引入了"先－形式"的概念。后来他偏爱谈论精髓王国是沉默。沉默是"不可度量"的，但却具有"想成为的意愿"。每一个形式都有"存在意愿"，它决定了事物的真正属性。这种存在意愿通过设计得以满足，设计意味着内在秩序的体现。不过，在讨论这个问题之前，我想稍微多讨论一下秩序和形式的概念。显然，康并不想提出什么普遍的哲学论点。他只是关注建筑，想为这个领域提供一个基础。他的目的是要表明建筑是怎样来体现不可度量的"尺度"的。为了达到这一目的，他引入了公共机构这个概念。他认为，建筑表现了公共机构。公共机构根植于"原始时期"，即当人们开始实现自己的"愿望"和"灵感"时。主要的灵感愿望就是生活、工作、聚会、询问和表达的愿望。康曾以学校为例，来说明机构源于愿望。

"学校始于一位在树下并不知道自己是教师的人，和几个并不知道自己是学生的人在讨论他的想法。通过

与这个人交流和相处的积极经历，学生们受到启发：自己的后代也应该来听听这个人的演讲。很快空间被建造出来，学校第一次出现了。"[4] 用海德格尔的理论术语来说，就是康所讨论的是人们存在于世的基本形式。生活是随意的，但它含有一个人和自然的结构。通过强调灵感和机构的共性来确认这种整体的观点。"并不是你想要什么，而是让感觉告诉你事物的秩序是什么。"公共机构所以是公有的。康用具体的词语来命名机构，他说："街道也许是人们的第一个机构，一个没有屋顶的聚会大厅。""学校是有利于学习的空间王国。""城市是机构集合的地方"。这些名称通常是指人造形式。然而在康看来，它们就是机构。他说："一个建筑师所做的每一件事，就是在机构的建筑物形式之前，首先可以回答机构所需要的属性。"

建筑因此建立在人们存在于世的普遍形式之上。康对具体形式的机构说得很清楚。他不仅在普遍的意义上提到形式，而且还用"形式图纸"表现一个公共机构的空间属性。[5] 他说："空间的属性就是要以某种方式存在的精神和意愿。"由于这些属性，公共机构成为意愿的住所。

"意愿"这词是指对"已有事物"的理解，因而与作为理解象征的光线

201

有关，是"光线与沉默相遇之处情形：
沉默表达了想要成为的意愿，而光线
则呈现了这种意愿。"

　　谈到"光"的观念，我们涉及
表现的问题。想要的意愿意味着表现
或"呈现"公共机构。通过表现，人
们揭示了包括人本身的世界的内在结
构，因而满足了这个基本任务。康说
"要表现就是生活的理由。"表现通过
艺术来实现。建筑师通过选择和安排，
在空间和环境中表现机构的关系。当
追求机构完美的愿望实现时，艺术就
出现了。艺术因而并不在具体的成品
之中，而是在与机构应当具有的关系
中，或正如康所说的："艺术就是创造
生活。"当我们在生活中表现时，"艺
术成为人们仅有的语言。"艺术的本质
在沉默与光线相会之处，在"愿望与
表现手段结合"之处。康把创作过程
称为设计，这种设计更为关注"如何"
而不是"什么"，尽管"如何去做肯定
没有去做什么那么重要。"这并不意味
着康不重视实际完成的质量。他只是
想强调，如果问题是错的，好的答案
也就没有意义了。因此"设计从秩序
获得形象"，"设计灵感来自形式。""形
式是对某种事物属性的探查，设计是
在恰当的时候努力运用自然法则，使
其在光线下显现。"光线是"所有呈现
物的给予者"但"所构成的光线都会

222. *Kahn: "The Room."*
图 222. 康："房间"
223. *Kahn: "The City."*
图 223. 康："城市"

224. *Kahn: "The Street."*
图 224. 康："街道"
225. *Kahn: Pyramids.*
图 225. 康：金字塔

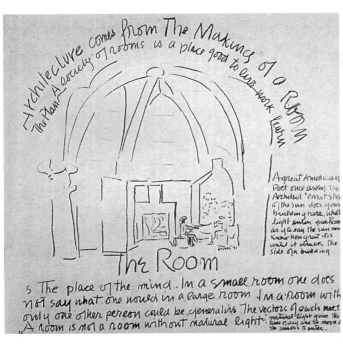

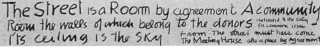

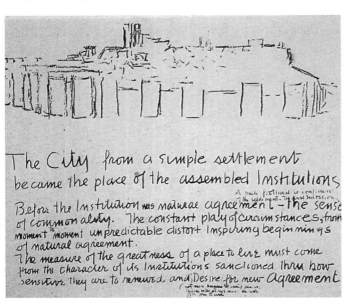

投下阴影。""我们的工作与阴影相关。"为完成这一任务，光线需要与材料和结构作用。康因而说："只有当阳光射到建筑物上时，太阳才知道自己的伟大"，他还说："你所选择的结构元素应当也是你所想要的光线特征。"因而在设计一开始，设计者就应当同时考虑结构，材料和光线。"结构是光线的给予者。"设计的主要目的是要创造一种空间自身想成为的空间。康说过："如果你创造了空间王国，机构就富有活力。"当空间自身想成为什么，一个具有具体特征的场所－房间就产生了。如上所述，房间的特征首先取决于光和结构的关系。康说："要想设计一个方形房间，就要将光线设计得能充分揭示方形的属性。"所有房间因此需要自然光线。"我不可能真正地来定义一个空间，除非空间有自然光线。一天中的时间和一年中的季节所产生的不同气氛特征，都会帮助设计者引发一种可能的空间……。"然而，结构需要自身的秩序。

所以在谈道"砖块和混凝土的秩序"时，康说："砖梁是'拱券'"。总的来看，一座建筑物应当表现"其建成的方式"。如此，我们就可以谈论"具有灵感的技术"。

"我们不能说工程是一回事，而设计是另一回事，因为它们必须是同样一回事。"技术的实现因此是机构的生命体现。在这个意义上，它是不可度量的。"一件作品通过必要的技术产生出来，当尘埃落定，呼应沉默的金字塔为阳光提供了阴影。"在这著名的论断中，康总结了他的建筑"理论"。"一件作品通过必要的技术产生出来……"，具体状况和制作过程引发了我们情绪的兴奋。"当尘埃落定"，即当兴奋已经过去，我们要么只有空空的双手，要么有了实际存在的事物：建筑物使光线成为具体的实在，揭示出沉默的秩序。[6] 建筑作品因此成了对"建筑学的贡品"。任何回应沉默的建筑物都代表了一种对初始的回归。康说，"将来已经在那儿了"，即存在的结构已经一次永远给定了。只有具体环境会变化，所以需要对这些结构作出新的解读。"我试图找到对现有机构的新表达。"新的表达产生了机构形式的"变体"，不过并没有破坏它。因此一个特别的年代或是社会不会创造出任何真正的新东西。"社会产生了莫扎特（Mozart）吗？不是。"

一件艺术品不是"需要"或是"需要和资源"结合的产物，而是在于想要表达已经存在的灵感和愿望。这并不意味着历史的停滞。不仅具体的情况会发生变化，而且在某些时刻，之前所隐含的机构会被发现。因此康说："……有人认识到，一些空间王国反映了一部分人的深层愿望：表达人们称之为禁欲活动中某些难以表达的东西，""……当新机构出现时，光线以某种方式闪亮，使人们感到了一种生活愿望的复苏。"机构因而被发现和重新发现，但却基于和根植于世界的永恒结构。由于是完整的存在单位，它们可以被看成为"小世界"。康确实谈到建筑的开始，并以石环建筑为例，作为人们要在世界中创造一个世界的愿望。他把小世界看成为"一个浓缩的地方"，"人们的思想在此变得敏锐。"我们也许可以说，人们的灵感在存在结构中成为焦点，机构作为他们的"住所"则是中心，存在空间围绕中心布置。让我们再次引用康的话："建筑创造了在世界中对世界的感受，并在空间中表现出来。"

显然，康的思想源自柏拉图的哲学。他用柏拉图的概念来讨论形式，认为艺术的目的是要"表达"愿望。在讨论世界中具体事务时，他甚至使用了"影子"一词，就像柏拉图在表达洞穴象征时所作的那样。[7] 康也把存在放在实质之下，因而表现出西方形而上学的传统。然而作为一个职业建筑师，康不想从不完美的生活中追求哲学意义上的完美形式，而只想直接去发现或揭示实质。

为了回到"初始"，他把实质定义为具有灵感和秩序的机构。他把世界看成一个相关的整体，而不是把实质从存在中分开。实质并不属于它们自身的王国，而是一个唯一世界的基本结构。

集聚在树下的人群代表了一种存在状况，这并不是一个不可理解的想法。然而它的基本重要性使其突显出来。康因而以整体的存在于世为出发点，把人们的任务定义为去揭露它的基本结构。

保罗·波托盖西的眼光

海德格尔说过，哲学家受一种专一的思想指导。真正的艺术家同样受一种专一思想的指导，也许我们应该说，受一种专一的眼光指导。保罗·波托盖西的作品证实了这个论断。

从一开始，保罗·波托盖西的作品就以一种特别的形式，更确切地说，一种专一的形式原则显出特色。乍一看去，还不容易认识到这种"专一的眼光"。事实上，保罗·波托盖西的作品各不相同，似乎总在创新。然而在稍稍熟悉之后，作品之间的基本关系便闪现出来，当这种情形出现时，它们就获得了真正的意义。看上去似乎是奇怪或任性的作品突然变成了基于一种主题的变体，浓缩和加强了环境的统一。那么，什么是保罗·波托盖西的"眼光"呢？

在他的作品中，所有的构成元素都是线条。他的作品大多不是用空间和体量构成，而是由同一和分开、散开与收拢、弯曲和笔直、伸展和升起的成组线条构成。通常，这些线条以某种方式表现出来或形成表面，使作品形式看上去有许多相对独立的层次构成。有时这些表面向上升起，形成管状元素，以成组的线条表现出来。总体上看，线条并不产生于几何形状，而是与几何形制相结合，产生一种自由和秩序的微妙相互作用。线条及其所产生的表面被用来构成更大的形式，如墙体、拱顶和圆顶。这个原则也出现在家具和工艺品上。一种独特的通用性，实实在在的！

值得指出的是，波托盖西的线条有时超越了数学中线条的意义。这些线条总是具有厚度和实在，因此是真正的建筑线条。它们同时关照了建筑作品的两个方面：空间限定和特征。为了更加具体地理解波托盖西的眼光，我们有必要来回顾一下他的一些主要作品。

在巴尔迪住宅（Casa Baldi）（1959—1961年）这个作品中，我们可以看到波托盖西的"内曲墙体"的元素。建筑师运用了曲线元素的并置，而不是直线的分隔墙体。空间因为曲线的变化而得以保持并且获得方向。这种流畅且富于表现的整体使内部与环境产生相互有意义的作用。住宅中的家具设计基于同样的原则，看上去像是建筑物的"浓缩体"。

在安德烈斯住宅（Casa Andreis）（1964—1967年）设计中，建筑师用一系列内曲墙体来展现若干中心之间相互作用的几何体系。这些中心在住宅的外部，但同时却决定了住宅的内部空间，从而产生了建筑与环境的一种亲密关系。在此，叠加的阶梯形覆盖物出现了，作为扶手栏杆的成组管状元素也出现了。内曲墙体上的竖向线条显示了整个构图的设计初衷。墙体末端铝合金的闪亮质感加强了构图中的上升运动。限定具体空间的功能因而与天空和光线联系起来，整个环境似乎集中和聚焦于住宅之中。在贝维拉夸住宅（Casa Bevila Cqua）（1966—1967年）中，设计有了进一步发展，阶梯状覆盖物似乎从内曲墙体上产生，给人一种空间围合和流动的感受。作品中还出现了局部的正交结构，这在他的作品中是不常见的。不过，这些正交结构在整体构图中并不"异外"，而是由同一形式原则产生。在住宅内部，成组的管状集束构成了具有活力的线性形制，表现了主要空间的升起。

在同一时期的几个其他作品中，波托盖西表明，自己的设计眼光是如何决定了所有的作品，使它们看上去像一个家庭中的成员，同时具有各自的特征。在为圣马里内拉市设计的公寓楼（1966年的方案）中，建筑师用预制的内曲墙板来造成一种上升线条的振动效果。为卡利亚里市设计的剧院（1965—1966年）与安德烈斯和贝维拉夸住宅相似；在罗马的米开朗琪罗展览馆设计中（1964年），竖立的板块和"管道"的并置获得了一种令人难以置信的空间连续变化的效果；第二栋巴尔迪住宅（1966年）是一

227. Portoghesi: Papanice House, Rome.
图 227. 波托盖西：帕帕尼切住宅，罗马

富于创新的塔楼，其中的内曲墙体在不同高度上的连接与分开，形成了一种极其丰富的空间整体。作为极端的例子，我们也许会想到在罗马的泰斯塔（Testa）药房室内设计（1965 年），为蒙特利尔所做的高 430 米的全景大楼，其中的曲线墙体似乎是从竖向的核心实体中剥离出来。一个特别有趣的例子是罗马议会大厦的扩建（1967 年），"眼光"被表现在颇具规模的公共建筑物上。我们在此又一次看到了曲线墙体，它们整合了外部和内部空间，整合了成束的竖向板块和线条。建筑似乎从历史的罗马城那持续的空间结构中生长出来，而同时又毫无疑问的属于"现代。"波托盖西的早期追求在罗马的帕帕里切住宅（Casa Papanice）（1969—1970 年）和萨莱诺的神圣家庭教堂（1969—1973 年）作品中达到高潮。在前者中，内曲成为一种微妙的手段，用以保持、指引、关闭和开敞空间。不同种类的开口在墙体剖面上形成了一个被波托盖西称为"辩证窗户"的"家庭"。这种设计很好地揭示了他有关主题与变体的原则。进一步来看，作品中出现了技巧更为高超的有层次阶梯形覆盖物来限定静态与运动的空间。最终，我们看到了富有创造性的集束线条。在外墙上，线条从地面上升，又从上部降

229. *Portoghesi: Andreis House.*
图 229. 波托盖西：安德烈斯住宅

230. *Portoghesi: Gigliotti: Church of the Sacra Famiglia, Salerno.*
图 230. 波托盖西，吉廖蒂：神圣家族教堂，萨莱诺

231. *Portoghesi: Papanice House (plan).*
图 231. 波托盖西：帕帕尼切住宅（平面图）

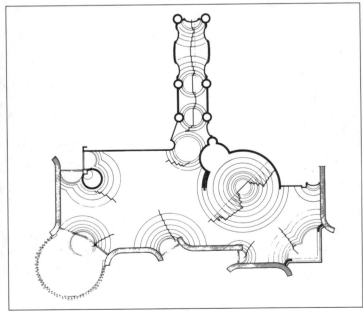

232. Portoghesi: Andreis House, Sandriglia. Geometrical system.
图 232. 波托盖西：安德烈斯住宅，斯坎德里利亚，几何体系

233. Portoghesi: Space with system of places.
图 233. 波托盖西：场所体系的空间

下。这些线条用釉砖砌成，上升的为绿色和褐色，让人联想到大地上的色彩，而下降的线条则反映了天空的蓝色和金色。住宅因此成了对天地相合这一古老母题的诗一般的解读。住宅内部也出现了同样的色彩，不过线条是水平方向的，表现了室内空间作为"小世界"的"合成"特征。从某种意义上看，神圣家庭教堂更为简单，只用一种材料构成，看上去像阶梯形状的连续外壳。这里的阶梯形状构成了在内部发散的拱顶，同时也是居于中心的圆顶。从圆顶端部射入的光线照亮了环形阶梯的前部，而横向拱顶处的光线则是从下部射入的。这种光线的倒置设计表现了圆顶象征的突破。

上述作品反映了对原创眼光的持续追求，而另一些作品则表现出意想不到的潜力。拉奎拉的工业学院（1968—1981 年）完全由大型成组的水平管状元素叠加而成。在阿韦扎诺和瓦斯托（1970 年）的图书馆设计中，线条成了叠加的环圈，拥抱和指引空间。后一种设计手法在为喀土穆设计的国际机场（1973 年）中，以一种宏大的尺度又一次出现。在阿里恰的泰尔西尼（Tersigni）住宅和为卡萨尔帕洛科区做的购物中心的方案中，成束的线条展现了一系列站立的环圈，它们或收缩或伸展，以适应空间的需

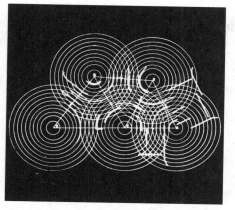

要。在安曼的皇家庭园设计中（1973—1975 年），波托盖西以大手笔集中展示了他的设计才华，同时表现了建筑与异地文化的适应。

最近，波托盖西在一些大型的室内设计中运用了同样的形式原则。在为罗马一家银行（Monte dei Siena in Via Cola di Rienzo）的设计中，我们可以看到波形的集束线条、成组叠置的环圈、

阶梯形状的"筒拱"，以及竖向彩条的装饰板块。在为卡洛和安娜·马尔图切利（Carlo and Anna Martucelli）设计的公寓中（1980—1981年），我们看到了富于装饰的型制和许多家具设计，它们丰富了线性构图。在此，波托盖西与自己的设计思想成为一体，形式自然形成再消散，线条集聚又分开，色彩出现又消失。一种新型简单的自在支配，一种诗意的成熟。我们忽然懂得了波托盖西20年追求的意义。这两座公寓成为理解波托盖西的早期作品和展望他的未来作品的一个关键。

然而，波托盖西的目的仅仅在于发明和运用形式原则吗？他的建筑只是构图游戏吗？肯定不是。我已经提过，波托盖西从一开始就追求环境的一体性，这个目标意在超越形式的合成。为了理解这一点，我要引用阿尔伯蒂说过的话："一所住房是一个小城市，一座城市是一所大房子。"波托盖西经常引用这个名言。作为一个小城市，住房是一个集中的世界；在其内部，环境得以反射和解释，从而让内部接近远处迷茫的室外，最终使人们获得归属和安全的经历。因此，波托盖西的近期室内作品不仅是理解其早期作品，而且是理解当代世界的一把钥匙。

室内是空间中的空间。在建造了限定范围的边界后，我们就可以说

"这里"，从中获得一种到达感。然而，人造边界不仅仅起限定作用，因为地面、墙体和顶棚都具有特征，它们将空间转化为场所。

边界的特征并不是任意的，因为建筑物要对在此安居的邀请作出回应，因此必须与所在环境相关，不论环境是自然的还是人工的。这种关系是一种具体的属性，与具体的表现形式相关，即与建筑在大地上的站立和向天空升起的方式相关，与其对周围环境的开敞和封闭相关。在有些环境中，建筑物应当拥抱大地，呈闭合状态。而在另一些环境中，建筑物则应当是轻盈和透明的。然而，建筑的外部一定要表现其内部吗？显然不是。用文丘里的话来说，边界是"内部和外部力量的会合"。

那么，什么是内部的力量呢？从本质上看，内部是一个世界意象，其意义就在它所代表的世界之中。从古时起，内部就被理解为一个"小世界"：地面是大地，顶棚是天空，墙体是环绕的水平线。这些类比不单单是隐喻，而且可以使周围环境接近人们，作为一个给定的地方，作为一种要求室内来补充完成的事物。住房因此可以同时集聚和解释环境。作为一个被理解了的世界，即人们站在"其下"或在事物之中的世界，室内既是一个目标，

也是一个出发点。

大部分室内包含附属的地方和焦点，还有相互联系的"通道"。在家里有床铺、桌子和壁炉，教堂中有祭坛和浸洗盆。这些焦点也许出于空间的需要，但它们都是具体的事物。有了这些事物，空间就充实完整，生活就会在其中发生。家具因此与人和建筑构架彼此相关，显现出人们存在的空间性。人在"建筑和家具之间"。建筑使人与"外部"相联系，而家具使人与世界的"内部"相联系。如果将室内的设计尺度展开，家具可以用来接受和展示工艺品和艺术品。很明显，它们因其特别的选择而比家具更具有个人的属性，通常与个人的记忆相联系。家具使这些物品成为内部综合世界的一部分。所选物品的意义就是人们的灵魂，家具所放之处因而成了灵魂的住所。

家具应当具有某种形式上的属性，以在空间中成为人与环境的中介物，容纳有意义的事物。作为一个焦点，一件家具看上去应当是周围环境的浓缩。它应当接受空间，"解释"空间的结构和动态，同时也能进一步开发自身的潜能。这通常意味着，需要以具有控制力的建筑构架作为更加复杂构图的出发点。作为中介物，一件家具应当与人体相关，同时又从周围吸收了建筑元素。显然，这也意味着某种

212

234. Portoghesi: Cupboard.
图 234. 波托盖西：碗柜
235. Portoghesi: Bed.
图 235. 波托盖西：床

236. Exhibition of music scores, Palazzo Venezia, Rome
1985.
图 236. 音符展品，威尼斯府邸，罗马，1985

浓缩。家具不应当仅仅是一种中性容器，而是应当为事物"做准备"，帮助其他事物与环境成为朋友。总体上看，与建筑构架相比，家具的形式更为浓缩和精确，但同时也更为"自由"（更少构造化的味道）。家具的形式与其自身作为一种内部敏感和重要世界的核心同在。建筑保护了家具，家具保护了构成核心之核心的事物。人因此感受到自己所处的环境是有意义的。因为意义意味着小事物被理解为大世界的浓缩，世界通过事物得以解释。

从上面的讨论可以看出，波托盖西对环境连续性的追求具有深刻的意义。进一步来看，他的"眼光"为这种追求提供了答案。他的形式原则因此对我们时代的建筑是一个重要的贡献。

波托盖西的眼界与现代建筑的发展有什么关系呢？

显然它根植于现代主义之中。在设计时，波托盖西以赖特的可塑的风格派的分解为灵感的源泉。然而，通过内曲形式的引入，内部和外部的力量的互相协调更为敏感，安德烈斯住宅中的力场和帕帕里切住宅中的窗户很好地表现了这个目的。波托盖西的另一个主要当代源泉是新艺术运动：运用线条作为发生器，同时也表现出对相似转变和变形的兴趣。不过，波托盖西并不是直接运用这些形式，而

是以对波罗米尼"语言"的完整研究为出发点。在作品中，"变化"的表面产生了一种新型的空间自由。这种转变和变形可以产生一种前所未有的复杂内容。正如吉迪恩指出的那样，波罗米尼作品中的这种质量为新艺术运动和现代运动做好了准备。

波托盖西在作品中完整地理解了这些质量，表现出追求空间流动和不断变化的愿望，成为一种基本的"开敞"世界的现代见解。

现代运动的先锋人物的直觉在此得以实现。在我问为什么不用曲线时，密斯回答说："巴洛克建筑师可以那么做，但却经过了很长时间的发展。"波托盖西的作品肯定代表了长时间发展的一个阶段，但却不是结束。这些作品对开启当代建筑的新时期作出了贡献。波托盖西对场所和历史的兴趣反映了这个时期的基本目标。今天，我们不再相信一种全"新"或"国际式"的建筑，而是追求既旧又新的作品。既旧又新意味着根植于地点和历史。波托盖西的作品清楚地表现了这一点：罗马世界的石灰华和岩石沟壑，波罗米尼作品中的设计手法，形成了与现代建筑基本原则的创造性对话。这种创新的综合并不背离新传统，而是展示了最为深层的意义。

这种综合显然是复杂的，取决于

艺术家去发现，使其清晰地表达"独特见解"。波托盖西的作品体现了独特的见解，成为保持和交流见解的人造"事物"。作为世界的一种意象，波托盖西的见解根植于他对世界中具体事物的情感。像艺术品那样，他的建筑作品把见解体现在大地之上。它们因此复苏了具体的事物，帮助人们从时代的枯燥抽象中走出来。

里卡多·博菲尔作品中的场所

1974 年，博菲尔（Ricardo Bofill）为安道尔的梅瑞特谢尔（Meritxell）贞女圣所复原做了一个宏大的规划。中世纪的教堂在 1972 年被烧毁，作品的目的在于复原原有的宗教和文化中心。最简单的方案当然就是重建老建筑，而波菲尔不仅设计了一所使人们联想到原有结构的罗马风形式的新教堂，而且还做了一个更为全面的设计，力图使地方的象征更为明显。

安道尔是一个山区小国，位于西班牙和法国边境的比利牛斯山中部。该国的语言文化属于加泰罗尼亚，因地处山区而拥有独到的特征。

安道尔四面环山，处于谷地环境之中，使人同时感受到保护和孤立的氛围。"谷地"一词来自拉丁语的"Vallum"，表示环境的主要实在是墙体而不是空间。然而，谷底的"墙体"通常被底部的水流分开，空间因此一分为二。人们需要桥梁来统一谷地场所。在"建筑，居住，思考"一文中，海德格尔以桥梁为例，表明了建筑作品是如何将四周"集聚"在一起，形成一个有意义的整体。他写道："桥梁并不只是连接已有的水体两边的土地。当桥梁跨过水体时，两边的土地才成为岸地。桥梁使两岸相互贯通和衬托，岸地不再是沿水体边界伸展的冷漠干地。桥梁把两岸的景观带近水

体，水体，岸地和连接岸地的土地成为邻居。桥梁把大地作为景观集聚到水体周围。"[1] 这最后一句话相当关键，之前所固有的环境通过桥梁变成了景观——"被理解的整体"，人们从此获得认同感和保护感。

总体上看，海德格尔的论述告诉我们什么是建筑的目的：揭示与人们生活相关的给定环境的结构。我们可以以此为出发点进行追问：什么是"山地生活"的其他品质？我们已经说过，谷地是一种孤立的环境，保护也是有限的，人们因此会想象山区"之外"的情形。人们首先要登上山顶，才有可能到达山区以外的地区。在山顶，人们领略到开敞的全景画面，明亮的整体视野，与山底给人的那种围合和保护的经历形成对应。伊利亚德（Mercea Eliade）因此说过："山因为天地汇合之处而成为世界的中心。"在中心意味着将环境理解为一个综合而有意义的整体。这就是为什么许多圣所建在山中，为什么台阶是绝妙的象征元素。从山顶返回谷底，人们带着从山顶获得的理解，地点获得了意义的新尺度。

今天我们很少在山上建造圣所，但上升和下降的象征意义仍然具有活力。认同一种环境会获得"在家"的感受，人们必须对这些质量保持敏感。

在为梅瑞特谢尔（Meritxell）所作的设计中，博菲尔将古时的意义带进现实生活。桥梁和上升通道都出现了，它们合在一起，形成了一个壮观的结构！方案实际上基于一条贯穿东西的直线，与谷地垂直相交。在谷底，有一桥梁跨越小湖，通道在桥两侧沿山上升，伸向无穷远处（为避免出现任何终结的意思，山顶的植被被剪除了）。东边的通道伸展到一"凸圆形剧场"，人们可以在此观赏到整个谷地空间，然后可以沿通道继续向山顶进发。西边的通道上，植被较为稠密，一系列反映国家历史的雕塑沿着一段台阶布置，之后伸向用于内心冥想的"凹圆形剧场"。两侧的通道和底部的桥梁设计采用了罗马风母题的变体，形成了一种统一的形式。一种在总体上象征被毁的特征无处不在，表现出设计根植于历史。设计因而回答了自身出发点的问题："一个国家怎样通过纪念性建筑来看到自己的特征？"

博菲尔的这个设计方案，也许是现代建筑史上第一个显现一个地方基本结构的作品。在此，"基本结构"是指人们必须认同的质量，从而在真正的意义上居住下来。梅瑞特谢尔（Meritxell）实际上向我们展示了"居住"的意义：与环境建立一种朋

215

238. *Bofill: Shrine of the Virgin of Meritxell, Andorra.*
图238. 博菲尔：梅瑞特谢尔贞女圣所，安道尔

239. *Bofill: Shrine of the Virgin of Meritxell.*
图239. 博菲尔：梅瑞特谢尔贞女圣所

240. *Bofill: Drawing for Meritxell.*
图240. 博菲尔：梅瑞特谢尔贞女圣所草图

友的关系。"朋友"以"理解"为前提，理解就是"站在其下"，在"事物"之中。掌握了事物的意义，就有了安全感。这种意义无法用逻辑分析和科学方法来解释。它具有诗歌的属性，基于人类存在于世的结构之上。

通过现象学的分析，我们可以把握这种结构，例如我们"在"谷底下和在山顶上。然而，具体意义上的存在结构只有通过艺术品才能显现出来。通过壮观的桥梁和台阶形象，博菲尔显示了梅瑞特谢尔（Meritxell）的意义。地方因此获得了特性，安道尔人也找到了自身的特征。

大约是在做方案的同时，博菲尔也在为北部法国边境上赫罗纳的勒佩尔蒂设计一个纪念性的建筑。设计的目的是创造国家性的象征：表现加泰罗尼亚特性空间和时间的结构。建筑处于自然环境之中，其中心在古代的马尔卡（Marca），西班牙地区，现在该区被法国和西班牙边境分开。在方案的发展中，醒目的金字塔形象出现了（1976年）。这种形象与地点有什么关系？它有什么意义？

勒佩尔蒂的山势较为低矮，没有形成围合的谷地和盆地，也没有出现像安道尔山区那样的墙体。彼此相连的山丘形成了连续的乡间景观。多数山丘呈金字塔形。博菲尔设计的金字

塔与地点密切相关，是基本母题的更为准确的变体。它揭示了地点的"隐含几何形体"，使人们认识到所处环境的基本结构之一。设计与玛丽切伊的方案很类似：凹圆形通道表现谷地，而凸圆形"山"显现重复的山丘形制。金字塔表现出加泰罗尼亚的"大地"是如何升向天空的，塔边的石块扭曲加强了升起的几何形体。它们向上汇合，增强了透视效果。

设计还包含了更多的东西！在主要立面的中心，一级台阶引导人们向上至顶部。台阶几乎有 2 英尺高，虽然它使向上的道路成为"艰难的旅行"，但却引出一个在台阶下就能看到的令人兴奋的目标：一个由敞殿和四颗带有卷杀的柱子构成的小神庙。登上台阶，柱子被扭曲和截顶的形式逐渐明显起来，当人们走近时，天空将这些柱子戏剧般地衬托出来。红色和半有机的柱子形式与黄色和平静的敞殿的立体造型形成对比。然而，"神庙"并不是最终的目标，因为在两颗中柱之间和敞殿之内，有一跑楼梯将人们的视线引向无穷远。

这个建筑作品表明了什么？被截去顶部的柱子象征了中世纪英雄韦洛索（Wifredo el Velloso）被割掉的手指。在临死前，他把手指交叉放在盾牌前，说："这就是你们的旗帜。"加泰罗尼

242. Bofill: Pyramid at Le Perthus.
图 242. 博菲尔：勒佩尔蒂金字塔

亚的旗子由金色背景之上的四个红色条纹构成。黄色的敞殿因此代表了金色的盾牌。不过象征物所包含的比对历史事件的描述更多。设计把"旗帜"放在金字塔的顶部，使加泰罗尼亚的土地成为历史发生的场景。金字塔代表了象征的中心，特定的事件获得了应有的认可。当金色盾牌被转化为人造场所时，历史时刻也就成为人类奋斗世界的一部分。那引导向上的台阶象征了这个世界的另一种结构。由红砖砌成的盘状形式表现了沉重的血滴顺阶梯两边滚下，减缓了人们前行的运动。

在勒佩尔蒂的金字塔体现了复杂而深刻的象征意义。总体上看，它表明了存在于世的意义：通过历史时刻来揭示普遍和永恒。一个真正伟大的概念。

上述讨论的两个作品为"建筑的意义"带来了新的见解：意义来自地点，而不是建筑师。可以这么说，建筑师发现了地方的属性，使其结构显现出来。然而为了达到这个目的，建筑师应当参照像"上"与"下"这样的更为普遍的结构，因为它们是人们存在于世的基本方式的一部分。这些方式并不是"抽象的"，而是一种具体的存在尺度。用海德格尔的话来说，就是"空间性"。建筑作品的意义在

于揭示给定状况的空间性，即场所的创造。

某一特定场所的质量也许可以叫作场所精神。这个古老的词语已沿用了数百年，它被用来描述场所的"特征"。一个环境的场所精神取决于天地之间的特定关系，也就是取决于构成环境的元素是否为"世界的部分"。建筑作品属于世界，并通过空间质量展现场所精神。建筑的意义因此取决于向上升往天空的方式，站立在大地之上的方式，和向外开敞和向内关闭的方式。

总体上看，人造场所与所居环境的对应产生了建筑作品。这种对应可以通过两种方式获得：直接显现和互补对比。勒佩尔蒂的金字塔属于前者，梅瑞特谢尔（Meritxell）属于后者。

这两个建筑作品运用了不同的象征。金字塔顶端的"手指"让人想到特定的历史事件，而并不只是呈现了某种空间质量。

它们的建筑质量取决于这样一个事实：作品的极大表现力量与其所具化的空间质量相互联系。建筑成为艺术作品中的片段，首先是上升的"目标"，接着成为引向无穷远方的坡道的出发点，人们可以用通常的生活语言来体验它们。

在讨论了建筑目的之后，我们可以回到最初的询问。我们是否应当接受武断的人为环境？完全的人为环境是毫无意义的。存在于世意味着在大地和天空之间即在一个具体质量的环境之中。当与自然环境的联系变得微弱或是遭到破坏，建筑就可以通过象征语言来重新创建环境。

"国际式风格"没有能认识到这个事实，因而产生了乏味和图表式的世界（现代运动的先锋人士都拒绝国际式风格的思想）。如果我们学会尊重场所精神，世界上的地方就不会看上去都一样。当人们用心地考虑和努力表达一个地方时，人们就可以真正地居住在具体的"当地"，找到自己的特征。建筑的形式清楚地揭示出场所的精神，这些形式总是各不相同且取决于一定的历史时期。

博菲尔和塔列尔（Taller）的作品向我们展示了什么是建筑，表明了场所如何被显现从而存在，示范了象征形式的普遍语言。这种语言不同于通常的格式，应当从"存在"和"世界"或"人"和"场所"的方面来理解。

约恩·伍重作品中的大地和天空

　　每次我给人们看伍重设计的鲍斯韦教堂时，总会得到同样的反应。首先，外部"看上去不像教堂"，然后"内部要好一些！"在我解释时，反应稍稍有点变化："也许，它毕竟是一座教堂。"

　　确实，鲍斯韦教堂是一座教堂，甚至是我们时代很少的具有说服力的教堂。为什么这样说呢？在回答这个问题之前，我应当先来描述这座建筑物，让我们一起来看看它。

　　伍重最初的草图清楚地表明了设计意图：一群人站在伸向远方地平线的大地上。

　　蓝色表明了大海的存在。在天空上部，富有体积的云团限定了景象的空间，显现了光线。第二张草图保留了同样的元素，但大地却成了人造地面，云团成了一系列翱翔的拱顶。在地面和天棚之间，那组人群面向出现在大地和天空之间的巨大十字架。伍重的设计以空间为世界意象为出发点，意在对人们的基本状况进行人工复制。

　　因此，对教堂的描述应当从建筑的空间开始。内部的建造非常接近第二次草图。在入口处，空间在混凝土拱顶下发展，由低矮迅速陡峭上升，在高处留有间隔，以让光线从后面涌入内部，之后又呈曲线降至祭坛，其

上部有一巨大的白色十字架。祭坛位于主要轴线上，它的背后是一空透的格状墙体，暗示了空间的延伸，没有确定的界限。拱顶为白色，但其曲线形状所产生的光影变化却造成了相互作用的丰富色调：从顶部的强光到入口处的深影。

　　覆盖空间的薄板拱顶在两侧由混凝土板块支撑，板块并不着地，而是依拱顶起伏留有开口，形成附属空间（走道，管风琴阁楼）。重复的混凝土骨架限定了附属空间。柱子沿内部两侧形成一种规则的韵律，同时也帮助支撑拱顶。灰色的骨架和白色的主体形成了对比。骨架由叠置的混凝土板块将外部封闭起来，强调了空间的"人文"尺度，突出衬托了主要空间的"神圣"气氛。

　　很难通过照片来恰当地评论教堂的内部空间。我们应当沿横向轴线来拍摄拱顶，以获得完整的图像，但空间横向伸展的假象也因此产生。事实上，内部空间是导向祭坛和十字架的，同时也向上升起，与在第二张草图中的设计意图相吻合。也许，设计草图要比实际的建筑在主要轴线上表现出更多的延伸和运动。在实际完成的教堂中，纵向和横向轴线相对平衡。造成某种集中于祭坛布局的感觉。室内的木质长椅也相应地围绕祭

坛集中布置，使人在总体的宁静和和谐气氛中，感受到空间运动和张力之间的相互作用。

　　内部是实用的，与现有的祈祷仪式相吻合，但这并不能完全解释内部的设计意图。早期的草图和实际完成的建筑内部具有比祈祷功能更多的意义。内部空间让人深受感动，当人们熟悉了内部，其隐含的内容就会拓展、加深、引发进一步的解读。

　　我的描述到此并未结束，因为建筑物除了作为教堂外，还有其他的功能。建筑物还包括教区的大厅，几间会议室和其他一些设施，是一个复合的宗教中心。建筑物的附属功能是沿纵向轴线布置的，横向骨架的伸展将其拥抱，成为一个十分整体和简洁的有机体。骨架结构限定了供内部交流的周边通道，同时也因其外层"皮壳"的封闭性，使空间成为一个受到连续保护的"容器"。天窗的运用加强了外部世界与封闭内部的对比，产生了一种宁静和纯净的气氛。材料和色彩的选择更为充实了这个总体特征。身处建筑内部，人们可以真正感受到一个不同的，和谐的，有意义的世界。

　　建筑外部与其内部十分吻合。首先它看上去是一连续的外壳，沿着内部空间布局伸展。阶梯状向上的形象使教堂获得了高度。每一处的天窗都

以小型山花墙形式出现，突出了空间的向上运动，同时也使建筑体量透明地展向天空。建筑物的明亮程度随着高度而增加，横墙上部的釉砖也表现了明亮的程度。总体来看，外部的设计明确清晰，细节生动，富有特征。它不像内部那样，会被很快地"理解"，而是更多取决于观者。建筑外部在人们离开教堂而不是接近教堂时，显得更有意义。毕竟，人们在体验了教堂之后，已经有所收获（学到了一些东西）！

我之前就提到过，鲍斯韦教堂不仅仅是一个集合大厅。为了理解这一点，我们有必要来讨论一下目前教堂这类建筑通常被理解为"危机"的状况。在相当长的时间里，神学家们、新教教会、天主教会都在讨论教堂建筑的属性。传统派认为，教堂应是"上帝的住所"，即上帝在人们感官上"显现"的地方。中世纪的主教堂，巴洛克时期的大教堂都是如此。另一些"激进"的神学家们则正相反，他们认定教堂不过是提供宗教服务的实用空间。如果满足了若干功能上的需求，任何房间都可以用作教堂。据认为，这种说法是与基督徒聚会的原初意义是吻合的，这个意义是由基督自己来定义的。他说，他可以在三天内拆毁旧庙宇，同时建成新庙宇。圣

246. Utzon: Bagsvaerd church, Copenhagen.
图 246. 伍重：鲍斯韦教堂，哥本哈根

247. Utzon: Bagsvaerd church.
图 247. 伍重：鲍斯韦教堂

约翰说："主把庙宇看成自己的身体。"我们于是在神圣的空间中找到了一个人，结果基督的追随者构成了新的教会，建筑物只是教会之家。毫不奇怪，激进的神学家因此批评中世纪回到了基督前的祈祷的"神秘形式"，建筑物及其装饰在形式中占据非常的重要性。在巴洛克教堂这种神圣剧场中似乎更是这样，人们的所有感官都参与其中。出于同样的原因，一些现代教堂，例如柯布西耶的高山圣母教堂也受到了否定。激进神学家所需要的是带有一大型日常生活用房的教堂。他们提倡"简洁"以表明新的方式，从而摒弃任何种类的"纪念性"。在我看来，对教堂的激进解读缺乏对艺术尤其是建筑功能的足够理解。当基督把庙宇比作自己身体（或是信仰者的身体）时，他并没有说，人们应当从所归属的世界中孤立出来。通过上帝在世界中的化身，将之前远离的上帝带近人们，这样一种整体更为合理。这个整体并不与古代的泛神论即事物是众神像相对应。化身意味着上帝体现在事物中，这些事物以形象显现了隐含的实在。我们因此通过事物知晓上帝。圣奥古斯丁说过："让您的作品赞美您，我们热爱您。"然而事物是短暂的和易逝的；人们需要用艺术品来留住和解释它们。建筑应该解释

248. Utzon: Bagsvaerd church.
图 248. 伍重：鲍斯韦教堂

249. Utzon: Bagsvaerd church.
图 249. 伍重：鲍斯韦教堂

创造的最初事物，即天空和大地。根据创世纪篇，上帝创造了天空和大地，为人们提供了生活的基础。

激进的方法并不是要回到"初始"的基督教义，而是成为一种新的偶像运动。它影响了始于启蒙运动中普遍去除形象的倾向。现代世界正是以形象的丧失为特征，所有一切都减缩到"可度量"的方面，与具体的质量世界疏远了。结果，宗教只是被从社会和慈善方面来理解，神圣被摒弃了。这并不意味着，实际赋予教会的意义是错误的；而只是简单地表明，它应当成为更为全面世界的一部分。我们不应当忘记，宗教活动也像其他事物一样，必须发生在天地之间。它不会在真空中发生，而是需要一个合适的地方，使人们通过构成场所的形象与上帝相遇。要想为教会服务，教堂应当具有一种形象的质量。

这是什么意思？

这意味着教堂应当使"被理解了的世界"显现出来。当人们把复杂多变的生活放在身后进入教堂时，教堂内部解释了意义和归属。"理解"（understanding）一词实在是"站在之下"的意思，即从普遍的人们之间和具体地方的意义方面，知晓自己在天地之间的位置。理解被显现为形象。也可以说，理解被具化或体现在形象

中。达到了这一目的，形象就成为一件艺术品。

作为对世界的浓缩和显现，形象统一了相互不协调甚至矛盾的元素。因此，它不能从理性的角度来理解。形象应当具有简洁的面貌，但其属性却是复杂的，从而与激进神学家们所倡导的那种表面简单并不吻合。由于既简单又复杂的属性，形象也许可以被理解为一种具有无数变化的"类型"。建筑形象的基本品质很少。从空间的意义来看，它们也许可以减缩为中心和通道，即行为的地点和相互联系。从人造结构的意义上看，基本母题是上与下，大地和天空的关系（所以，建筑作品用平面和剖面来表示不仅仅是一个实用的问题）。今天，人们对空间理解得很好，但人造结构的形象却丢失了。这主要归结于二次大战后激进的功能主义方法，它导致了缺乏独创的"晚期现代"建筑，或是一种对武断"表现主义者"所做的尝试的反应。但与此同时，几位第三代建筑师却进行了真正艺术的尝试，因而为恢复建筑形象做了准备。伍重设计的教堂就是这种努力中特别有意义的。为了理解教堂的意义，我们应当先提出这样一个问题：什么是教堂的形象？

显然，教堂应当比其他建筑提供

更为全面的"解释"。一栋住宅或是一家工厂与人们生活的特定方面相联系，教堂应当涉及人们经验的整体，或更实在一点，涉及整体的空间性。教堂应当显现中心和通道的基本属性、竖向性和光线。如果我们回顾一下基督教建筑的历史，就会看到同样的基本母题不断地重复出现，同时也应特定时刻和情况的要求而出现新的解读。在几百年中，教堂以强而有力的形象和具有意义的环境焦点出现。在困惑和变化中，教堂显现了初始和永恒。

然而，今天教堂的作用不同了吗？肯定是不同了，教堂不再可能集聚和主导周围环境了。不过，教堂仍然会欢迎人们进去，展示一个"光亮"和意义的内部世界。早期基督教堂也是一个内向的有机体，确实不仅仅是一个集会的厅堂。巴西利卡将来访者沿着象征性的通道方向，引向祭坛所象征的基督。与此同时，当沿通路排列的廊柱升往上部的闪光马赛克墙面时，来访者也被引向基督。一座现代教堂不应当抄袭这种初始的设计，但也应当提供一种类似的解释。

鲍斯韦教堂正是这样。我对其空间组织和人造形式的描述表明，基本的主题在那儿，伍重的初期草图给出了设计出发点的基本思想。空间组织易于理解。总体上看，教堂是一"集中式的巴西利卡"。古时的中殿和两边侧廊的设计还在那儿，尽管中殿已经变得很高很短。一种强烈的竖向运动因而产生了，这种运动过去只出现在集中布局的建筑中或是覆盖复合有机体的圆顶建筑中。鲍斯韦教堂因此统一了两个老的设计母题，但形式却正好相反，初看上去就像是全新的，让人有点迷惑。不过稍稍一想，就能体会到基本意义的复活。祭坛的石块地面就是大地，同时也可理解为延伸的平面和结实的岩石。在这个平面上，人们的日常生活有了方向和目标。通路止于祭坛且与地面牢牢相接。稳固的岩石产生一种安全和永久的质量。

世俗的日常生活则与之相反，是短暂而脆弱的。教堂内的木质家具和织物上的花卉图案（伍重的女儿琳设计）表达了这种在日常生活"之间"的特征。两边的骨架结构也隶属这个王国。在主要空间中，光线和阴影的对比相当突出，尺寸，细部和色彩显然与外部的"世俗"世界相联系。在人们走向中心，面对洁白和带有抽象几何图案的祭坛屏风时，这个世界便留在了身后。目标通过建筑手段显现出来。

发生在地面上的也总是在天空之下。设计的天空就是波形拱顶，它使人联想到丹麦天空的云朵，光线穿过云层把大地照亮。拱顶与横向骨架一起，具有西方基督教建筑的伟大传统。从中世纪起，教堂中的拱顶就是一个主要形象。它代表了天空，使整个空间具有神圣的尺度，同时，从拱顶射入的光线，满足了下部空间所提供的希冀。在几百年中，人们对这个母题有着很多不同的解读：交叉拱顶、哥特建筑的扇形拱顶、文艺复兴的筒拱和圆顶、相互交叉的波希米亚顶盖和巴洛克时期的蝶形网状圆顶。伍重的拱顶因此既旧又新，表明我们的时代也可以创造伟大的形象。用密斯的话来说，现代技术在此"达到了真正的完美，升华为建筑。"光线从拱顶射入，主要空间充满了纯净的白色。优雅的和平气氛占据主导地位，令人难忘此行。

相对围合的内部世界而言，外部更像是一个"中性"的外壳。当然外部不仅仅是一个容器：墙体的连续性表现了围合与保护，向上升起的阶梯形式暗示了内部空间的非常特征。天窗和墙体上部的釉砖也表现了这种特征。阶梯形式和细部处理与丹麦矜持

温和的传统特征相互联系。鲍斯韦是真正的丹麦教堂，是一座表现了特定地点质量的现代建筑。教堂开始让人感到有点迷惑而变得有意义，在人们离开教堂时，就会感到教堂是一件艺术品。

在设计中，伍重恢复了建筑形象中最为困难的教堂形象。作为一个整体，不用说，教堂的形象比其他的建筑形象要求更高。在我们的时代，只有很少其他几位建筑师，如赖特、勒·柯布西耶、阿尔托和康具有这种眼光。他们不是通常字面意义上的信奉者，他们能够敏锐地把握事物的质量，并通过光线和结构把它们转变成形象。他们使我们想到了荷尔德林的一句话："然而，所留存的是由诗歌奠基的。"

伍重代表了由这些先锋人物所开创的"新传统"的真正延续。由于作品中运用了具体和现象学的方法，他从而可以把建筑从后期现代主义的枯燥无味的僵局中拯救出来。在他的作品中，生活空间的基本元素都呈现了：大地，天空以及存在于它们之间的人们。

251. Utzon: Bagsvaerd church (section).
图 251. 伍重：鲍斯韦教堂（剖面）

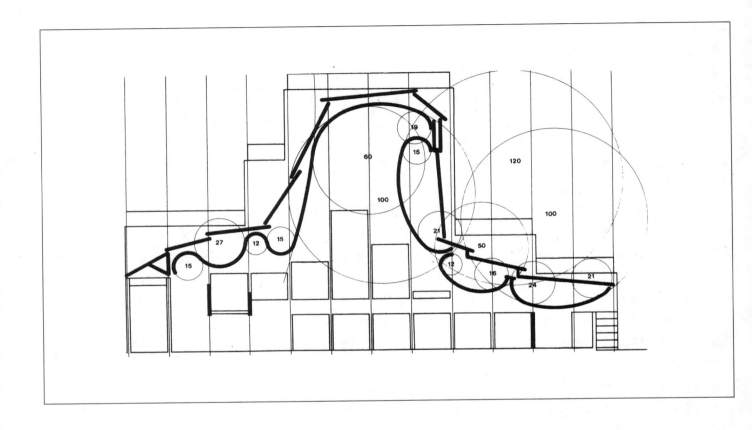

卡洛·斯卡帕的实证

"为加利家族设计的'丧葬纪念碑'以一种突出的基本结构形式，表达了与死亡同在的绝对思想。"

卡洛·斯卡帕（Carlo Scarpa）用这句话来解释他的设计意图。"基本结构"，"绝对"和"死亡"是三个相互关联的词语。留下的就是死亡之外的绝对。随着时间的流逝，人们的生活走到尽头。但作为生活的表现，绝对却留存下来。它是一种"基本的结构"。

设计者是怎样从本质上而不是从与具体历史时间相关的角度来揭示这种基本结构的呢？

加利家族墓碑位于圣伊拉里奥奥拓，在陡峭的利古里亚海岸边上的内尔维镇上。从成列丧葬建筑的台地上，人们可以俯瞰一望无际的大海。地平线将大地和天空分开，光线充满了空间。台地之下，一座高大的钟塔成为整个空间的一个标志，将下部的大地和上部的天空联系起来。这个地点说明了一种基本结构：人们日常生活世界的短暂行为逐渐淡去，存在获得了新的尺度。它不属于那种分析理解的抽象结构，而是与给定的环境相联系。这种结构属于大地，天空，和居住其间的人们。

如果作品没有保存和"说明"事物，人们就不能理解作品所揭示的基本结构。作为一件艺术品，斯卡帕的

这个设计为人们提供了所需要的说明。这件作品确实揭示了建筑形象后面的基本结构，告诉人们事物是如何存在的。

墓碑是一块方石，高度的尺寸比宽度和深度稍大一些。这种基本形状马上就给人们一种永恒的感觉。石头表面的粗糙纹理加强了这种特征，同时表现出总体环境的光线质量。墓碑稳固地站立在一深褐色的低矮基座上，表现了石质地面向天空的升起，以接受光线，转变为一种永恒的几何形式。绝对出现在大地和天空的相会之处。大地献出了物质实体，天空赋予了基本结构的形式。

不过，斯卡帕并没有局限在这种简单的意义表述上。作为更加深入构图的第一步，他用一齐眼高的凹槽环绕石块，把立起的体量分成上下叠置的两个部分。从早期的草图中可以看到，他从一开始就有了两个部分的想法：下部是地面之上的围合墓穴，上部是敞向天空的扇形开口。随着方案的发展，下部的基座更为厚实，上部演变为一T形开口，表现出拥抱的质量。这种设计因而与水平凹槽相对应。开口不仅使人可以接近墓穴，而且也参与了构图，成为整体中的一个焦点。在建筑师的草图中，人们可以看到随后发展的几个细节以及完成最终设计

的过程。墓碑上一狭窄的竖向条带在接近开口时变宽，形成一匾额，加利家族的名字刻在其上。匾额表面平整，看上去比周围的粗质表面要光亮一些。T形下部的表面也做了同样的处理。在开口的部分，斯卡帕在立面定稿图上画了一朵生长的花卉，同时把白色大理石的蛋体放在右边的石墙上面。开口本身用一凹进的黑色大理石封住，造成某种凝重的形象。

由于作品比较简单，人们也许不能立刻观察到上述的细部。然而，在人们熟悉了作品之后，就能体会到构图的形式和意义。一块石头使自身揭示了基本的世界意象。

上下两部分表示天空和大地，其间的凹槽显然表示地平线。大地和天空构成世界，在石块中变得永恒和绝对。大地和天空以不同的方式限定了生活空间：天空拓宽且限定了从水平线到水平线的跨度，而大地在这种扩张中收缩自身，以为生活提供一个小些的空间。进入限定的T形世界，光线从上部渗透，当其与生活空间相遇时，人的名字出现了。在光线下，人在世界中活动，当他消失时，空间和光线的基本结构却留存下来。

在天地之间，人们的生活和大地的生长融为一体，通过光线显现出来。生长的花朵出现在下部世俗的光亮表

面上，T 形开口使人想到树的形状，这是古代世界的另一个形象。在建筑图中，斯卡帕描绘了一个人手拿花束来到墓前。下部的墙体成了祭坛，在此，大地呈现了在光线下生长的事物。开口和光线构成了一个十字。横向伸展的空间和竖向的光线构成了十字，表明了世界的基本结构。横向有限的空间仿佛表现了有限的生活时段，而竖向则升向无穷。在十字的中心，在变化的外部自然世界和内部的墓穴之间，生活空间敞开了。在一张重要的草图中，墓穴被设计成圆形，回到了其远古的初始形象。在开口中，在变化的外部和永恒的内部之间，斯卡帕放上了一个白色的蛋体，表现生活完美的开始和古代象征的复活。

加利家族墓碑诉说了人们在天地之间和生死之间的存在。为了在真正的意义上居住下来，我们需要保存和说明。世界意象使世界的基本结构呈现出来，同时提供解释，帮助人们接受存在的状况。我们因此在世界中能像现在这样生活下来。在墓中，世俗和地点没有了，而基本结构却以纯净和永恒的形象展现出来。所以，我们甚至可以承受痛苦和悲伤，并与死亡同在。当我们把一切事物都理解为一种绝对秩序的火花时，我们就可以这么做。

232

走向图形建筑

"……因为我们真正生活在图形中。"

——R·M·里尔克（Rainer Maria Rilke）

对后现代主义的反应，已经触及建筑的某些基本方面。无足轻重的东西既不会引发热情，也不会产生厌恶。严厉的攻击总是一种害怕的症状，它产生于某种事物会危及某种已经建立的世界。现代主义足够好了吗？它没能表达我们自己的时代吗？究竟为什么受禁数十年的元素又出现了：山花、拱券、塔楼和圆顶？它们仅仅是肤浅怀旧的表现吗？

然而后现代主义一开始并不是表面上的形式摆弄，而是对"后期现代"建筑的枯燥空洞的抗议。文丘里想要重新恢复建筑的活力，罗西强调对普遍明晰性的需要。他们说，人不是生活在一个抽象的世界中，而是生活在由复杂记忆构成的世界中。后现代主义因此运用"熟知"的形式，以说明我们是谁，把我们从后期现代主义的无味状态中解救出来。勒·柯布西耶用最新的设计方法已经瞄准了这个目标，力图恢复真正的造型价值。然而，他的追随者们所尝试的新表现主义作品并没有什么意义；这些作品保留了奇想怪念，而没有任何发展的可能性。

它们因此成为后期现代的纪念章：乏味的图解和偶然的喷涌。后现代主义摒弃了这两个方面，倡导回到"建筑的意义"。[1] 所以把后现代主义解读为自由地去做"任何事情"是一种误解。它的目的是要重新确立典型和有意义的形式。因此，许多倡导者表现出对符号学、语义学，或是总体上的建筑语言的强烈兴趣。

让我再强调一下，后现代主义的出现是因为现代建筑的退化。人们不能总是简单地设计玻璃幕墙和横向长窗，不能解决用虚假的结构创新来丰富设计方案的问题。然而，难道第三种选择不存在吗？阿尔托不是创造了一种既现代又有活力的建筑吗？他的追随者如伍重和皮耶蒂莱不是进一步发展了创新的可能性吗？他们显然做到了这些，但阿尔托的"有机"现代主义仍然缺乏后现代主义所追求的。这样我们就触及问题的核心：现代建筑缺什么，是"结构的"、"表现的"，或是"有机的"？

答案很简单，它缺乏与人们日常生活世界一种令人满意的联系。现代建筑总是抽象的，脱离现实的，或进一步来说，它排除了现实中的具体方面。我们也可以说，它是"非图形的"，因为它摒弃了构成以往建筑基础的那些"图形"。它因此与非图形绘画和

无音调音乐相平行，前者不去描绘具体的实物，后者则去掉了易于认识的旋律。那么，为什么会出现非艺术图形呢？根据吉迪恩的看法，这种艺术的出现是因为以往的形象"标记"在19世纪的历史主义中已经贬了值。曾经用来解读现实的形式，已经成为仅仅是地位的象征，以满足暴发户"文化门面"的需要。吉迪恩说，"所以我们必须从零开始，就像之前从未做过那样。"[2] 这表明，在实践中，现代艺术专注表达方法而不是"文学内容"。表现手段显然被用来解决具体的问题，但却很少用来创造具有真正特性的事物。结果，特征的格式塔和图形丧失了，所有的东西都溶解在"形制"或"结构"之中。[3] 我们说现代建筑离开现实，就是这个意思。

那么，"现实"在此是什么呢？显然，表现手段也与现实相联系。色彩、材料、点、线、纹理都是从给定世界中抽象出来，用其本身的方式来表现。基于这些元素之上的非图形构成因此能表现某些"真实"的事物。但正像胡塞尔所说的那样，其中的"日常生活世界"丢失了。日常生活世界并不是由抽象元素组成，而是由整体和具体事物构成。世界是事物的世界，其中"每一事物都以某种保持真实的预先设定为特征"，梅洛－庞

253. *"From structuralism to figuralism." Sears building (SOM) and Ministry of Commerce (Kahn), Chicago.*
图 253. "从结构主义到图形主义",西尔斯大厦(SOM 设计事务所设计)和商业部大厦(康设计),芝加哥

254. *"Abstract Expressionism." Bofill: Abraxas House, Paris.*
图 254. "抽象表现主义"，博菲尔：阿布拉克萨斯住宅，巴黎

255. *"New figuralism." Bofill: Les Halles, Paris.*
图 255. "新图形主义" 博菲尔：大厅，巴黎

256. Non-figurative art. Max Bill: "Infinite volute."
图 256. 非图形艺术，M·比尔："无穷的卷涡"

蒂（Merleau-Ponty）接着又说："事物的意义在事物之中……以一种外在的方式揭示自身的内在现实。"[4] 我们的世界事物由树木、花朵、岩石、山脉、河流、湖泊、动物、人类、住房和人工制品组成。这些是我们了解、认识，并成为记忆的事物，经语言确认，它们成为有名称的事物。名称是实体性的，因为事物是世界的实体。正是在这个意义上，我们来理解胡塞尔面对日益增长的现代科学的抽象和量化所发出的大声疾呼："回到事物本身！"[5]

路易斯·康理解这一点。他在问了"事物想成为什么？"之后，答道"玫瑰想成为玫瑰"，"学校想成为学校。"康力图用其他术语来为建筑提供一个新的基础，他从整体而不是部分出发，因而把功能主义的方法颠倒了过来。从某种意义上看，他也许可以被认为是后现代主义的奠基人。然而，他仍然是从结构方面而不是图形方面考虑问题。正是他的学生，文丘里迈开了走向图形建筑的决定性的步子。据说，康认识到这一步的重要性，并且感到他自己已经落后了。

那么，什么是建筑图形？人们容易理解表现艺术的图形、绘画和雕塑"描绘"事物，尽管并不一定是从自然主义的意义上。然而，建筑物并不

236

描绘什么。许多后现代主义者认为，建筑是可以从符号学理解的"标记"。不过，建筑可以通过易于认知的图形来集聚和代表或多或少的世界。如果把建筑和音乐相比较，我们就容易理解这一点。音乐也不描绘，这是众所周知的共识。但音乐却能在某种意义上表现现实。施莱格尔（Schlegel）关于建筑是"凝固的音乐"的定义意义深远。音乐和建筑所共有的图形是它们的"空间"属性。它们向前，向上，向下有节奏地运动，与人体的姿态和运行相关。所以，建筑图形并不与基本的几何形式对应。后者属于抽象的数学空间，而图形则是具体的。图形显现建筑在"大地和天空之间"出现的方式，存在于一个有着上下前后不同的空间中。所以，它们是人类存在的形象。[6]

总体上看，建筑图形的特性取决于它是怎样站立、伸展、升起、开敞和闭合的。这当然有无数种方式，但其中一些是典型的。我在此不能详细地讨论建筑类型学，但要指出的是，基本类型都有了名称，如"塔楼"、"边翼"、"圆室"、"圆顶"、"山墙"、"拱顶"、"柱子"、"窗户"和"门口"，还有"巷子"、"街道"、"大道"和"广场"。人类通用的基本图形被称为"基本原型"，以区别仅属于某一地点和

时间的形式。现代建筑排除了所有这些图形，从而失去了与现实的基本参照。不过很多现代主义的先锋人士都有古典的教育背景，他们的作品中常常无意识地出现了建筑图形。他们的年轻追随者正相反，从一开始学的就是用抽象和"功能"术语进行设计，以人为的图解作为结束，他们真不该竭力在各种的视觉麻醉剂中避难。

当我提及"古典"一词时，许多人肯定会问，为什么古典形式又重新出现了。难道有历史的限制，它们就过期无用了吗？显然，古典的形式语言是由地方和时间的因素决定的，但古希腊人认识到普遍适用的关系，用典型的构图来表现真理。所以古典主义在几百年富有活力且在今天重新出现并不是一个机遇的问题。当然，如何运用古典语言是至关重要的。表面的照搬没有任何意义，因为新的情况需要新的解读。今天，我们看到了许多力图更新的有趣例子。

后现代主义的基本目的是要恢复建筑的图形。这个共同基数把当前的各种倾向统一在一起。图形使建筑明白清楚，具有实质意义上的人性。认为只有运用"自然"材料和形式才会使建筑具有人性的看法是一种误解。[7]真正的人文质量是图形，原型以及对它们的解读，因为图形保持和解释人

could this be a wine bottle?

这可以是一个酒瓶吗？

could this be a Coffee Pot?

这可以是一把咖啡壶吗？

wine

酒

Coffee

咖啡

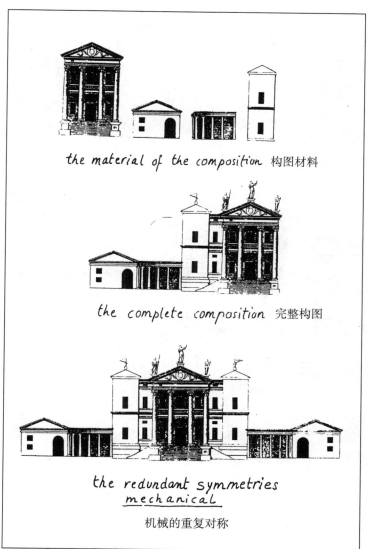

the material of the composition 构图材料

the complete composition 完整构图

the redundant symmetries mechanical

机械的重复对称

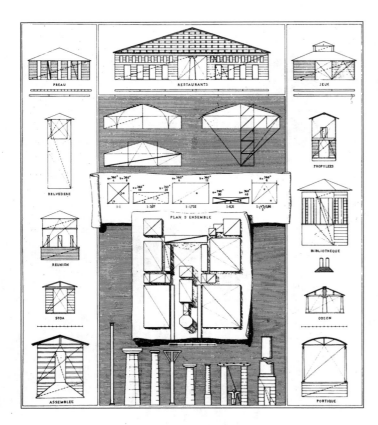

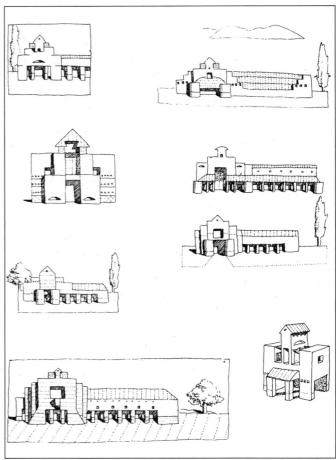

们的存在。图形共同构成了一种语言，如果人们恰当地运用这种语言，我们的环境就会有意义。意义是人类的首要需求。

我们的任务因而是双重的：首先是理解建筑的存在基础，接着是通过建筑语言来保持和显现人们存在的内容。

我已经说过，建筑图形是人在空间中存在的一种体现，其特性是由站立、伸展、升起、开敞和闭合的方式决定的。我们怎样把这种普遍的特征与社会中具体的建筑任务联系起来呢？要解答这个问题，我们需要以居住概念作为出发点。[8]总的来看，建筑的目的就是要帮助人们居住，也就是在空间和时间中找到根基。然而居住是一个复杂的功能。它不仅是指私密的庇护所，而且首先是要在人和给定环境之间建立一种有意义的关系。从心理学的角度看，这种关系在于一种认同的行为，或者换句话说，属于某一个地方。

我们也可以说，当人们安居下来后，就会找到自己，人们在世界上的基本存在方式就决定了。另一方面，人也是一个游子。作为旅行者，人总在路上，这意味着选择的可能性：选择"自己"的地方，和某种与其他人之间的伙伴关系。这种离开和到达的

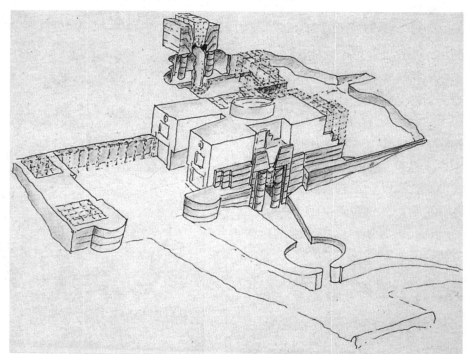

辩证，是在设计中体现存在空间的精髓。聚居地因而是存在空间的首要目标，是社区生活的发生地。人们通常用地方名称来自我认同，例如人们说："我是一个罗马人"或者"我是一个纽约人。"

安居下来之后，相关的聚居形式就随之而生。聚居作为相会之处，人们在那里交换产品，思想和情感。从古代起，城市空间就是人们相会的舞台。相会并不一定意味着一致，而主要是指不同背景的人们走到一起。所以，城市空间主要是一个发现的场所，"一个具有可能性的环境。"在城市空间中，人们居住下来，体验世界的丰富性。我们可以称这种居住形式为集合的居住。

然而当人们在可能的若干环境中选定一个以后，相互认可的居住型制便建立起来，使相会成为一种更具结构的集聚。相互认可意味着共同的兴趣和价值，形成伙伴和社会的基础。相互认可需要一种可以体现和表达共同价值的地方：公共机构或公共建筑物，其居住形式可称为公共的居住。公共建筑体现了一组信仰和价值，并以自身的形象"说明"和显现了公共世界。

选择也可以是个人的，因为每一个人都有自己特定的生活轨迹。居住

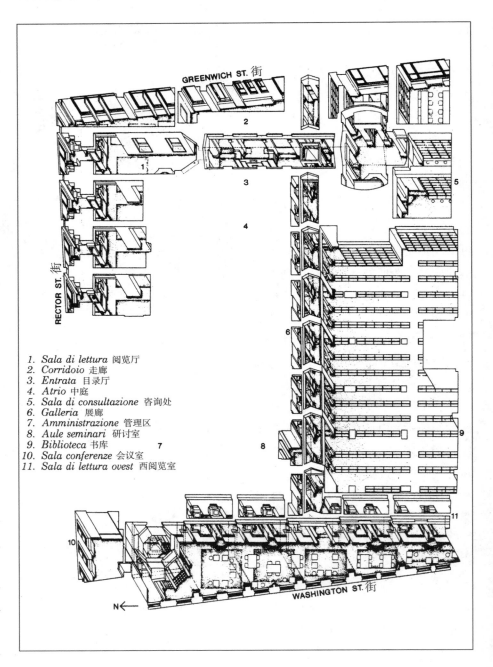

265. Voorsanger, Mills: New York Library. "Spatial definition and characterization by means of figurative elements."
图 265. 沃桑格尔，米尔斯：纽约图书馆"用图形元素定义和特化空间"

1. Sala di lettura 阅览厅
2. Corridoio 走廊
3. Entrata 目录厅
4. Atrio 中庭
5. Sala di consultazione 咨询处
6. Galleria 展廊
7. Amministrazione 管理区
8. Aule seminari 研讨室
9. Biblioteca 书库
10. Sala conferenze 会议室
11. Sala di lettura ovest 西阅览室

266. *Figurative architecture. Santa Maria della Consolazione, Todi (1508–1607).*
图 266. 图形建筑，圣玛利亚安慰教堂，托迪（1508—1607 年）

267. *Figurative architecture. Maria Laach (1093–1230).*
图 267. 图形建筑，玛利亚拉赫教堂（1093—1230 年）

因此也包含隐退，以限定和保持个人的特性。这种形式可称为私密的居住，其目的是避免他人的干扰。住房和家庭是私密居住的舞台，具有"庇护"的特征。人们可以在此表达其对世界的个人记忆。

聚居区域、城市空间、公共建筑、私密居住构成了不同的环境层次，形成了不同的居住形式。建筑语言建立在这些形式的基础上，产生于这些居住形式的原型中。

因此要恢复建筑语言，并不是重新采用具有风格的元素，而是研究使原型显现的图形。图形是实在的物体，以某种方式和"某种事物"存在于空间之中。它们应当被理解为居住的表现，可以用人造形式和具有组织的空间来说明。原型是建筑的精髓，与语言中的名称对应。它们在不同的情况下一再出现，并且获得新的诠释。图形因此既是普遍的，又是具体的，它们体现了人们的生活世界。当我们说，生活世界由记忆构成，我们是指在天地之间的普遍和具体的记忆，就像古希腊人认识到的那样，把记忆女神摩涅莫绪涅（Mnemosyne）认为是大地和天空的女儿。作为缪斯的母亲，记忆被认为是艺术的起源。[9]

但是，并不是所有的后现代主义者都掌握了图形建筑的性质。许多

243

人在任意摆弄母题的设计中失去了自己，如斯图加特的"无意义"博物馆的设计者斯特林。其他一些人把类型自身作为目的，因而成为新抽象的牺牲品，如罗西在每一处的设计都重复同样图解般的形式。必须强调的是，类型只有适合时间和地点，即体现在作品之中才具有活力。所以，后现代主义不仅对普遍而且也对具体感兴趣。换句话说，它应当融合对场所精神的理解和尊重。有些后现代建筑师已经认识到这一点，如摩尔总是修改基本的形式，以适应具体的地点和建筑。

目前尽管还有困惑，但我们显然正走在图形建筑的道路上。当 M·格雷夫斯（Michael Graves）发表他的《建筑和工程》一文时，他以"图形建筑的实例"写下了引言。他写道："现代运动损坏了诗意的形式而热衷于抽象的非图形的几何形式，""非图形建筑的累积效果就是我们之前建筑文化语言的肢解。"为摆脱这种困境，格雷夫斯认为"关键是我们要重新建立由我们文化创造的主题联想，以使建筑文化能完全反映社会的神秘和仪式的抱负。"[10]

格雷夫斯文中的插图使人们看到建筑图形的目录：金字塔、圆形建筑、塔楼、柱廊……他把这些图形放在具有图形属性的自然环境中：山、平原、岩石、树木和云朵。图例在文章中获得了共鸣："在现代运动之前，所有的建筑都追求精心阐述人和自然环境的母题。建筑物与人和自然现象联系起来，如柱子就像一个人，大地就像地面，等等。"他在结语中写道："建筑元素需要相互有形的特征，就像语言需要句法那样；建筑元素中如果没有变化，就会失去拟人或图形的意义。""在这个讨论中，（……），我们的结论就是，每一个特定元素都具有图形，以构成建筑的整体。"[11] 换句话说，格雷夫斯告诉我们，整体上的人文属性的意义是通过建筑图形来表达的。现代建筑之所以变得没有意义，就是因为它抛弃了图形的尺度。

了解了格雷夫斯对现代建筑的批判，我们需要进一步来评论现代主义和后现代主义的关系。由于后者产生于对前者某些缺失的反抗，它似乎反映了与前者的背离。然而持有这种解读将是最不幸的事情。之所以不幸，是因为我们需要现代艺术和建筑的成就。

这种成就首先是众所周知的"自由布局"和"开敞形式"。[12] 新的全球世界需要自由的空间，现代运动中的开敞拼贴的创造取代了以往的静态构图。然而在第二次世界大战后，自由布局和开敞形式一方面降极为僵硬的"结构主义"，另一方面消融在混乱的怪念之中。

在此，建筑图形可以解救我们：具有图形的母题可以在空间中标记通道和中心，从而表现"某种事物"的特征。通过建筑图形，我们可以运用其他的词语表示到达某地的经历。我们可以做到这些，而并不需要放弃自由布局和开敞形式。所以后现代主义并不意味着对现代主义的背离，而可以认为是现代主义进一步的发展。所以吉迪恩说的依然正确；"没有穿过现代建筑的针眼，一个人就不会在今天成为建筑师。"

当我正面地评论文丘里和格雷夫斯时，我并不认为他们的作品应当成为楷模。格雷夫斯用自己的方式来解读类型，我们则应当根据当地和当时的情况来获得我们自己的解读。然而基本的东西是共同的，后现代主义敞开了一种相互理解。我们都应当运用同样的初始语言，它既是普遍的，又是多元的，因而是真正民主的。

后现代主义因此并不危险。它只是在没受过教育的建筑师手中变得危险。换句话说，它需要我们在完全理解建筑语言的基础上重建我们的职业。这就是目前的挑战。

注释

引言

1. R. M. Rilke, *Briefe*, Wiesbaden 1950, p. 898.
2. M. Heidegger, "The Origin of the Work of Art," in *Poetry, Language, Thought*, (Albert Hofstadter, New York 1971, p. 62.
3. The battle-cry "to the things themselves" was introduced by Edmund Husserl in his criticism of modern science. See: *Die Krisis der Europäischen Wissenschaften* (1936, 1954).
4. M. Heidegger, *Aus der Erfahrung des Denkens*, Pfullingen 1954. English translation: "The Thinker as Poet," in *Poetry, Language, Thought*, p. 14.
5. Rilke, op. cit., p. 898.

建筑中的意义

1. H. Meyer, "Bauen," *Bauhaus*, vol. 2, no. 4, 1928.
2. E. Cassirer, *The Philosophy of the Enlightenment*, Princeton 1951.
3. E. Fromm, *The Forgotten Language*, New York 1951.
4. E. Brunswik, *Wahrnehmung und Gegenstandswelt*, Wien 1934.
5. C. Norberg-Schulz, *Intentions in Architecture*, II, 2, Oslo/London 1963.
6. Ibidem, 1.
7. S. Giedion, *Architecture, You and Me*, Harvard 1958.
8. Ibidem.
9. E. Kästner, *Ölberge, Weinberge*, Frankfurt a. M. 1960, p. 95.
10. M. Eliade, *The Sacred and the Profane*, New York 1959.
11. J. W. Goethe, *Vier Jahreszeiten*.
12. Quoted from E. Frynta, *Franz Kafka lebte in Prag*, Prague 1960, p. 24.
13. See C. Norberg-Schulz, *Genius Loci*, Milan 1979.
14. Id., *Intentions...*, cit., III, 2.

场所概念

1. M. M. Webber, "Urban Place and Non-place Urban Realm," in *Explorations into Urban Structure*, Philadelphia 1964.
2. Ibidem.
3. P. Cook, *Architecture: Action and Plan*, London 1967.
4. C. Nieuwenhuis, "New Babylon," in *Architectural Design*, June 1964.
5. K. Lynch, *The Image of the City*, Cambridge, Mass., 1960, p. 4.
6. C. Alexander, "The City as a Mechanism for sustaining Human Contacts," in *Environment for Man* (W. R. Ewald, ed.), Bloomington 1967.
7. This has been done by Cedric Price and Reyner Banham.
8. See H. Sedlmayr *Verlust der Mitte*, Salzburg 1948.
9. J. Piaget *The Child's Conception of the World*, London 1929. *The Child's Construction of Reality*, London 1955. *The Psychology of Intelligence*, London 1950.
10. Id., *The Child's Construction...*, p. 92.
11. Ibidem, p. 91.
12. Ibidem, p. 90.
13. Ibidem, pp. 351 ff.
14. M. Wertheimer, "Laws of Organization in Perceptual Forms," in *A Source Book of Gestalt Psychology* (W. D. Ellis, ed.), London 1938.
15. O. F. Bollnow, *Mensch und Raum*, Stuttgart 1963, p. 33.
16. Ibidem, p. 81.
17. J. Piaget, *The Psychology...*, cit., p. 157.
18. See M. Eliade, *The Sacred and the Profane*, New York 1959.
19. E. Kästner, *Ölberge, Weinberge*, Frankfurt a. M. 1960, p. 93.
20. J. Piaget, op. cit., p. 167.
21. See C. Norberg-Schulz, *Intentions in Architecture*, Oslo/London 1963.
22. R. Schwarz, *Von der Bebauung der Erde*, Heidelberg 1949, p. 59.
23. See C. Norberg-Schulz, "Intention und Methode in der Architektur," *Der Architekt*, June 1967.
24. See H. Haggett, *Locational Analysis in Human Geography*, London 1965.
25. Schwarz, op. cit., p. 11.
26. See R. L. Beals and H. Hoijer, *An Introduction to Anthropology*, New York 1965.
27. A. de Saint-Exupéry, *Citadelle*, Paris 1948.
28. R. Schwarz, op. cit., p. 15. See also W. Müller, *Die heilige Stadt*, Stuttgart 1961.
29. C. Norberg-Schulz, *Intentions in Architecture*, cit., p. 137.
30. R. Schwarz, op. cit., p. 194.
31. R. Venturi, *Complexity and Contradiction in Architecture*, New York 1966, p. 88.
32. See P. Portoghesi, *Borromini, architettura come linguaggio.*, Rome 1967, p. 383.
33. C. Norberg-Schulz, "Intention und Methode...", cit.
34. S. Giedion, *Constancy, Change and Architecture*, Harvard 1961.
35. See R. Venturi, op. cit. Also A. Rapoport and R. E. Kantor, "Complexity and Ambiguity in Environmental Design," in *American Institute of Planners Journal*, July 1967.
36. A. de Saint-Exupéry, op. cit.

海德格尔对建筑的思考

1. M. Heidegger, "The Origin of the Work of Art," in *Poetry, Language, Thought* (ed. A. Hofstadter), New York 1971, pp. 41 ff.
2. Ibidem, p. 36.
3. Ibidem, p. 65.
4. Id., *Being and Time*, New York 1962, p. 93 (German ed. 1927).
5. Id., "The Thing," in *Poetry, Language, Thought*, p. 178.
6. Ibidem, p. 179.
7. Id., *Hebel der Hausfreund*, Pfullingen 1957, p. 13.
8. Id., "The Thing," cit., p. 174.
9. Id., "Language," in *Poetry, Language, Thought*, p. 200.
10. Id., "Building Dwelling Thinking," in *Poetry, Language, Thought*, cit., p. 152.
11. Id., *Being and Time*, cit., p. 58.
12. Id., "The Origin of the Work of Art," cit., p. 74.
13. Ibidem, p. 73.
14. Ibidem, p. 75.
15. We may in this context remind of Rilke's IX Elegy: "Are we perhaps *here* to say: house, bridge, fountain, gate, jug, fruit tree, window—at best: column, tower..."
16. M. Heidegger, "Poetically man dwells," in *Poetry, Language, Thought*, cit., p. 215.
17. Ibidem, p. 226.
18. Id., "Language," cit., pp. 194 ff.
19. Id., "Was heisst Denken," in *Vorträge und Aufsätze II*, Pfullingen 1954, p. 11.
20. Id., "The Thinker as Poet," in *Poetry, Language, Thought*, cit., p. 7.
21. We may again recall Rilke's IX Elegy: "And these things, that live only in passing... look to us, the most fugitive for rescue."
22. M. Heidegger, "Building Dwelling Thinking," cit., p. 151.
23. Ibidem, p. 150.
24. Ibidem, p. 151.
25. Id., *Hebel der Hausfreund*, cit., p. 13.
26. Ibidem. He explicitly considers villages and cities "buildings" in this context.
27. Id., *Being and Time*, cit., p. 135.
28. Ibidem, p. 137.

29. Id., "Building Dwelling Thinking," cit., p. 158.

30. Ibidem, p. 158.

31. Id., *Die Kunst und der Raum*, St. Gallen 1969.

32. Ibidem, p. 10.

33. Ibidem, p. 11.

34. Ibidem, p. 12.

35. Ibidem, p. 13.

36. Id., "The Origin of the Work of Art," cit., p. 63.

37. Id., "Building Dwelling Thinking," cit., p. 154.

38. Id., "Language," cit., p. 202.

39. Id., "The Origin of the Work of Art," cit., p. 64.

40. Ibidem, p. 63.

41. Id., "Building Dwelling Thinking,", cit., p. 145.

42. It is interesting to notice that Heidegger's basic ideas on world, thing, spatiality and building were implicit already in *Being and Time* (1927). "The Origin of the Work of Art" (1935) does not represent a new departure, but rather brings us a step further on the way. The later essays on "The Thing" (1950) and "Building Dwelling Thinking" (1951) as well as the late text on "Art and Space" (1969), clarify and organize the thoughts contained in "The Origin of the Work of Art." In our opinion, therefore, Heidegger's thinking shows great consistency and may certainly be understood as a "way," a metaphor he himself liked to use.

43. M. Heidegger, *Being and Time*, cit., p. 203.

44. Heidegger's term *Gegend* (in *Gelassenheit*, Pfullingen 1959, pp. 38 ff.) may be translated with "domain" or "region."

45. On several occasions Heidegger uses the German word *Ort*, for instance in "Art and Space" where we read: "Der Ort öffnet jeweils eine Gegend, indem er die Dinge auf das Zusammengehören in ihr versammelt." This sentence presents Heidegger's thinking on architecture in a nutshell!

46. This is also how the world is described in *Genesis I*.

47. It is therefore something more than a matter of convenience when architects present their projects by means of plans and elevations.

48. We may infer that a theory and history of archetypes is urgently needed.

49. Louis Sullivan who coined the phrase, hardly intended it in a radical functionalist sense.

50. See *Meaning in Architecture* (eds. C. Jencks, G. Baird), London 1969.

51. See *Signs, Symbols and Architecture* (eds. G. Broadbent, R. Bunt, C. Jencks), Chichester 1980.

52. This was also accomplished by Louis Kahn, whose conception of architecture comes surprisingly close to Heidegger's thinking. See C. Norberg-Schulz, "Kahn, Heidegger and the Language of Architecture," in *Oppositions* 18, N.Y. 1979.

53. See C. Norberg-Schulz, "Chicago, vision and image," in *New Chicago Architecture*, New York 1981.

54. M. Heidegger, "Building Dwelling Thinking," cit., p. 160.

55. Id., "Poetically man dwells," cit., p. 227.

阿尔伯蒂的基本设计意图

1. This does not mean that the effect had been taken into consideration at the time the church was planned.

2. Sant'Andrea is supposed to date back to the seventh century. It was renewed between 1045 and 1053. Having been badly damaged by fire in 1370 it was restored after 1402. The present bell-tower was built at this time (1412). In 1470 at the request of Lodovico Gonzaga, Leon Battista Alberti made plans for a completely new church, which should be much larger, to be erected on the site of the old church. Building started in 1472, shortly after Alberti's death, under the direction of Luca Fancelli. In the first few years the work proceeded smoothly, but after Lodovico Gonzaga's death in 1478 interest in this grandiose enterprise began to flag. However among alternating delays, the nave was finished and the vault was built in 1500 with a provisional wooden wall joining it to the old choir. With the exception of a few decorations carried out inside the church, the building remained the way it was till 1597 when works on transept and choir were started under the direction of A. M. Viani from Cremona. In 1600 these had been completed for the most part. A long delay caused by war and plague lasted till 1697 when the architect Torre from Bologna planned a Baroque alteration. Little of his plan was however carried out, and Torre's changes and additions were removed in the following century. The cupola was built following the design of the great Baroque architect Filippo Juvarra in 1732-82. See E. Ritscher, *Die Kirche S. Andrea in Mantua*, Berlin 1899.

3. The external wall of the nave that faces towards Piazza delle Erbe, is completely hidden by houses and the Baroque cupola rises above these.

4. Burckhardt has called the church a *Muster*, on account of its organization around a single nave and has mentioned the importance of the façade as a model for the future and the significance of the entire church as a source of inspiration for Saint Peter's in Rome. See J. Burckhardt, *Geschichte der Renaissance in Italien*, Esslingen 1912, pp. 101, 133, 154.

5. E. Ritscher, op. cit., p. 17.

6. "He proposes that in place of the pudding-basin a cupola suitable for the design should be built." E. Ritscher, op. cit., p. 14.

7. Alberti came to Florence in 1434 and became friends with Brunelleschi, to whom he dedicated his book *Della Pittura* (1435).

8. Today under the cupola there is a ghastly Baroque altar. However it is certain that Brunelleschi himself chose that position, otherwise the structure of the church would have been illogical. The space extends towards a point that cannot be physically reached, if not by taking part in the ritual.

9. According to the architects of the Renaissance, geometric space represented the harmony of the cosmos. See R. Wittkower, *Architectural Principles in the Age of Humanism*, London 1952, *passim*.

10. H. Folnesics, *Brunelleschi*, Vienna 1915, p. 77.

11. We know of the plan for a medal of Matteo de' Pasti. The same idea is put into effect in SS. Annunziata, probably a collaboration with Michelozzo and Alberti.

12. This position conforms to Alberti's requirements in the *De re aedificatoria* VII, 13: "Aram in qua sacrificent statuere in loco dignissimo: nimirum assidevit iuste pro tribunali."

13. R. Schwarz, *Vom Bau der Kirche*, Heidelberg 1947, pp. 21 ff., 78 ff.

14. "Quod si erit tribunal unicum habendum ad caput templi: id in primis probabitur: cuius ad emiciclum finiatur... (VII, 4). Verum ubi confertus tribunalium numerus affuturus erit / illic ad venustate faciet / si quadrangula emiciclis miscebuntur situ alternato: et fontibus mutuo respondentibus... (VIII, 4). Templis tectum dignitatis gratia atque etiam perpetuitatis maxime esse testudinatum velim (VII, 11). Nam sine quidem tribunalis sibi introrsus capiet cur natura sui partem longitudinis duodecimam. Apertura vero intervalli capiet duodecimam bis et eius insuper dimidia. Latitudo quidem causidicae sibi parte longitudinis areae capiet sextam... (VII, 14). Latitudo enim areae dividetur in partes nonas ex quibus dabuntur quinque ambulationi mediae.

15. "In the relatively short period of twenty years Alberti passed through the whole range of classical revivals possible during Renais-

sance. He developed from an emotional to an archaeological approach. Next he subordinated classical authority and objectivity and used classical architecture as a storehouse which supplied him with the motives for a free and subjective planning of wall architecture." R. Wittkower, op. cit., p. 49.

16. Towards the end of the sixteenth century the centralization at the crossing was abandoned. This, however, was only partial in the Gesù of Vignola, but total in Santa Maria ai Monti by Della Porta (1580).

17. In the *De re Aedificatoria* IX, 5-6, Alberti suggests the proportions 1/1,1/2, 1/3, 2/3, 3/4 etc. which correspond to the consonances of musical harmony.

18. "Et ab omnium profanorum contagium expeditum / ea re / fronte habebit amplam et se dignam plateam. Circuetur stratis laxioribus / vel potius plateis dignissimis quoad unde vis preclare cospicuum sit." L. B. Alberti, op. cit., VII, 3.

19. Again in Wittkower op. cit., p. 48, we find this strange and unjustified explanation.

20. Cf. footnote 14. Although Alberti in book VII, 5 says: "Nusquam erit brevior habenda porticus in quadrangulis templis quam ut integra templi latitudine capiat..." It has however been shown that Sant'Andrea was planned according to the rules for the dimensions of a basilica.

21. R. Wittkower, op. cit., pp. 48 ff. analyses the front of the vestibule as if it were the *entire* façade. Only J. Berrer, *L. B. Alberti Bauten*, Cassel 1911, p. 27, has remarked: "Vor die Fassade legt sich eine, in kleineren Verhältnissen das System des Hauptbaues wiederholende Vorhalle."

22. The large niche around the window over the west vestibule dates from 1702 (E. Ritscher, op. cit., p. 13). It has therefore nothing to do with the (unfinished) top half of the façade of San Francesco at Rimini, as many critics have suggested.

23. R. Wittkower, op. cit., pp. 36 ff. (a splendid interpretation of the façade of Santa Maria Novella).

24. See the *De re aedificatoria* VII, 5, for vestibules of circular and square temples. The chosen temple façade approaches the lateral façades of the triumphal arch at Orange, and a similar form is found in the great peristyle at Split.

25. Although it is not the golden section, as had been pointed out by Paulsson, "Italiensk renässans" in *Bonniers Konsthistoria*, Stockholm 1937, p. 168.

---

26. E. Baldwin Smith, *Architectural Symbolism of Imperial Rome and the Middle Ages*, Princeton 1956, pp. 10 ff.

27. Ibidem, pp. 21 ff.

28. Ibidem, pp. 30 ff.

29. The division of the vestibule in three parts was not made as "to appear as if it covered both nave and aisles" (R. Wittkower, op. cit., p. 82), but certainly to repeat the internal organization.

30. D. Frey, *Gotik und Renaissance*, Augsburg 1929, pp. 38, 74.

31. In a fundamental article "Zur Revision der Renaissance" (*Epochen und Werke*, I, Vienna-Munich 1959, pp. 202 ff.) Hans Sedlmayr maintains that in both Palazzo Rucellai and Sant'Andrea Alberti created the foundations for three hundred years' development in architecture. He gave the "palazzo," the *Säulenordnungenwand* of antiquity bestowing upon it an unusual heroic significance which corresponded to the new glorifying iconography. In this way architecture and decoration together created a "frame" for the divine Renaissance man. In the church he combined the Greek Cross plan with cupola and the hall with lateral chapels of antiquity, creating what was later erroneously called the "Gesuit church." Sedlmayr interprets this solution as an expression of the *Ecclesia Triumphans* and points out that the Abbé Dietmayr of Melk had called the nave of his church *Via Triumphalis;* here too, as in the "palazzo," the decorations correspond to the architecture. Correggio had already decorated his cupolas with the apotheosis and the ascension. Thus the church becomes in its entirety an expression of *"Triumph des im leibe aufferstandenen und zum Himmel gefahrenen Gottmenschen über den Tod"*. Against this background indicated by Sedlmayr, Alberti's work assumes a fundamental importance, very different from the severe criticism made by von Schlosser in 1929.

32. R. Wittkower, op. cit., pp. 80 ff.

波罗米尼和波希米亚的巴洛克

1. E. Hempel, *Francesco Borromini*, Vienna 1924, pp. 190 ff.

2. The relationship between Borromini and Guarini has been discussed by H. Sedlmayr, *Die Architektur Borrominis*, Munich 1930. See also A. E. Brinckmann, *Von Guarino Guarini bis Balthasar Neumann*, Berlin 1932; H. G. Franz, *Die Kirchenbauten des Christoph Dientzenhofer*, Brunn 1942.

3. H. Wölfflin, *Renaissance und Barock*, Munich 1888. See also H. Hoffmann, *Hochrenaissance, Manierismus, Frühbarock*, Zurich 1938.

---

4. See *Tagebuch des Herrn von Chantelou über die Reise des Cavaliere Bernini nach Frankreich* (ed. H. Rose), Munich 1919, pp. 300, 354.

5. S. Giedion, *Space, Time and Architecture*, Cambridge, Mass. 1941.

6. H. Sedlmayr, op. cit.; S. Giedion, op. cit.

7. *Tagebuch des Herrn von Chantelou...*, cit., p. 354.

8. P. Portoghesi, *Guarino Guarini*, Milan 1956.

9. See N. Lieb, F. Dieth, *Die Vorarlberger Barockbaumeister*, Munich 1960.

10. See O. Schürer, *Prag*, Munich 1935. Also K. M. Swoboda (ed.) *Barock in Böhmen*, Munich 1964, and above all E. Bachmann's chapter on architecture.

11. See: H. Schmerber, *Beiträge zur Geschichte der Dientzenhofer*, Prag 1900, H. G. Franz, *Bauten und Baumeistern der Barockzeit in Böhmen, Leipzig 1962. R. Kömstedt, Von Bauten und Baumeistern des fränkischen Barocks*, Berlin 1963. C. Norberg-Schulz, *Kilian Ignaz Dientzenhofer e il barocco boemo*, Rome 1968.

12. See R. Kömstedt, op. cit., pp. 5 ff., 89 and C. Norberg-Schulz, *Kappel*, Byggekunst, Oslo 1964.

13. See H. G. Franz, *Die Kirchenbauten*, p. 14.

14. See Id., *Bauten und Baumeister...*, cit., pp. 140 ff.

15. Ibidem; also R. Kömstedt, op. cit., and C. Norberg-Schulz, *Kilian Ignaz Dientzenhofer.*

16. See *Kilian Ignaz Dientzenhofer.**

17. See H. G. Franz, *Die Kirchenbauten*, cit., pp. 87 ff.

18. See N. Lieb, *Barockkirchen zwischen Donau und Alpen*, Munich 1953; F. Hagen-Dempf, *Der Zentralbaugedanke bei Johann Michael Fischer*, Munich 1964.

19. See G. Neumann, *Neresheim*, Munich 1947.

20. See H. G. Franz, *Die deutsche Barockbaukunst Mährens*, Munich 1943; Id., *Gotik und Barock im Werk des Johann Santini Aichel*, Wiener Jahrbuch für Kunstgeschichte, Bd. XIV (XVIII); Id., *Bauten und Baumeister...*, cit., p. 105 ff.

21. Id., *Gotik und Barock...*, cit., p. 110.

22. P. Portoghesi, *Borromini nella cultura europea*, Rome 1964, p. 107.

23. C. Norberg-Schulz, *Kilian Ignaz Dientzenhofer...*, cit., p. 46.

24. Ibidem.

25. See C. De Tolnay, *Werk und Weltbild des Michelangelo*, Zurich 1949. Also C. Norberg-

---

Schulz, *Michelangelo som arkitekt*, Oslo 1958.

瓜里尼之后的建筑空间

1. O. Stefan, "O slohové podstaté centrálnich staveb u Kil. Ign. Dienzenhofera," in *Pam. arch. 35*, Prague 1928; H. Sedlmayr, *Die Architektur Borrominis*, Berlin 1930; A. E. Brinckmann, *Von Guarino Guarini zu Balthasar Neumann*, Berlin 1932; H. Gerhard Franz, *Die Kirchenbauten des Christoph Dientzenhofer*, Brünn-Munich-Vienna, 1942; W. Hager, "Guarini. Zur Kennzeichnung seiner Architektur," in *Miscellanea Bibliothecae Herzianiae*, Munich 1961.

2. M. Anderegg-Tille, *Die Schule Guarinis*, Winterthur 1962; collects part of the material without reaching any new conclusions.

3. Cf. P. Portoghesi, *Roma Barocca*, Rome 1966, p. 13. The first real interpenetrations are found in François Mansart's church of the visitation in Paris (1632).

4. H. Sedlmayr, op. cit., pp. 107 ff.

5. Cf. C. Norberg-Schulz, *Kilian Ignaz Dientzenhofer...*, op. cit., Rome 1978, p. 171: also Id., *Borromini e il barocco boemo*, "Convegno di Studi Borrominiani." Accademia Nazionale di San Luca, Rome 1967.

6. Cf. Gerolamo Rainaldi's Santa Teresa at Caprarola (1621).

7. The small chapel of Gerbido displays different principles and the attribution to Michela must still be proved.

8. Cf. B. Grimschitz, *Lucas von Hildebrandt*, Vienna-Munich 1959, pl. 9.

9. Ibidem, pl. 30.

10. For these works see C. Norberg-Schulz, *Kilian Ignaz Dientzenhofer...*, cit.

11. Cf. R. Kömstedt, *Von Bauten und Baumeistern...*, cit., pp. 25 ff.

12. For example: Johann Michael Fischer, the Asam brothers and Johann Conrad Schlaun.

贝尔纳多·维托内教堂作品中的集中化和延伸性

1. G. Bruno, *De l'infinito Universo e mondi*, Dialoghi, I, III (1584).

2. E. N. Bacon, *Design of Cities*, London 1967, pp. 180, 181.

3. G. C. Argan, *L'Europa delle Capitali 1600–1700*, Genoa 1965.

4. G. Guarini, *Placita Philosophica*, Paris 1665, p. 755.

5. C. Norberg-Schulz, "Lo spazio nell'architettura post-guariniana," in *Guarino Guarini e l'internazionalità del barocco*, Accademia delle Scienze di Torino, 1970.

6. This system is also found in San Gaetano (Nice), and in the plan for the church of the Chierici Regolari in Turin.

7. C. Norberg-Schulz, *Kilian Ignaz Dientzenhofer...*, cit.

8. The only seventeenth century building in Europe that provides a real analogy is the church of Saint Nicholas in the Old Town of Prague by Kilian Ignaz Dientzenhofer, built well before all of Vittone's churches.

9. B. Vittone, *Istruzioni diverse...*, see P. Portoghesi, *Bernardo Vittone*, Rome 1966, pp. 15 ff.

10. R. Venturi, *Complexity and Contradiction in Architecture*, New York 1966, p. 23.

欧洲的木构建筑

1. J. Trier: "Irminsul." *Westfälische Forschungen* IV, 1941. "First." *Nachrichten von der Gesellschaft der Wissenschaften zu Göttingen*. Phil.-Hist. Klasse IV, NF III, 4, 1940.

2. Id., "First." *Nachrichten...*, cit.

3. A. von Gerkan: "Die Herkunft des dorischen Gebälks," in *Von antiker Architektur und Fotographie*, Stuttgart 1955.

4. G. Bindig, U. Mainzer, A. Wiedenau, *Kleine Kunstgeschichte des deutschen Fachwerkbaus*, Darmstadt 1977.

5. H. Phleps, *Der Blockbau*, Karlsruhe 1942.

6. E. Lundberg *Trä gav form*, Stockholm 1971.

7. P. Jacquet, *Le Chalet Suisse*, Zurich 1963.

8. T. Gebhard, *Der Bauernhof in Bayern*, Munich 1975.

9. M. Geschwend, *Schweizer Bauernhäuser*, Bern 1971.

10. H. Schilli, *Das Schwarzwaldhaus*, Stuttgart 1953.

11. J. Schepers, *Haus und Hof westfälischer Bauern*, Munich 1977. Also T. Gebhard, *Alte Bauernhäuser*, Munich 1977.

12. W. Radig, *Das Bauernhaus in Brandenburg und im Mittelgebiet*, Berlin. Also T. Gebhard, *Alte Bauernhäuser*, cit.

13. W. Radig, *Frühformen der Hausentwicklung in Deutschland*, Berlin 1958. R. Fricke, *Das Bürgerhaus in Braunschweig*, Tubingen 1975.

14. H. Vreim, *Norsk trearkitektur*, Oslo 1939.

15. G. Bugge, C. Norberg-Schulz, *Stav og laft. Early Wooden Architecture in Norway*, Oslo 1969.

16. A. Bugge, *Norske Stavkirker*, Oslo 1953. H. Phleps, *Die norwegischen Stabkirchen*, Karlsruhe 1958. H. Haugli, *Norske stavkirker*, Oslo 1976.

贝伦斯住宅

1. The house of Peter Behrens was built 1900-1901 as part of the *Artist's Colony* on the Mathildenhöhe in Darmstadt. Behrens lived in the house only two years. In 1944 the interiors were destroyed during a bombing raid. The restoration carried out by the present owner, August zu Höne, preserved what was still standing, but made several modifications necessary. The old illustrations here reproduced have been taken from *Deutsche Kunst und Dekoration*, Vol. IX, Darmstadt 1902.
See also F. Hoeber: *Peter Behrens*. Munich 1913, and *Ein Dokument Deutscher Kunst Darmstadt 1901-1976* Vol. I.-V. Darmstadt 1977.

施罗德住宅

1. The Schröder house in Utrecht was built in 1924 by G. Rietveld for Mrs. Schröder-Schräder, who still lives there, and who has preserved the house in its original condition. The situation, however, has been changed by the building of a motorway just in front of the entrance façade. See in general Theodore M. Brown: *The Work of G. Rietveld Architect*, Utrecht 1958. Also *De Stijl: 1917–1931, Visions of Utopia*. Oxford 1982, and P. Mondrian: *Plastic art and pure plastic art*. New York 1945.

图根德哈特住宅

1. The Tugendhat House in Brno was built by Mies van der Rohe 1929–30 for Grete and Fritz Tugendhat. The house was abandoned by the owners in 1939 due to the Nazi occupation of Czechoslovakia, and suffered damage during the war. It still survives in a somewhat shabby condition, and is supposed to be restored to its original state. See in general W. Tegethoff, *Mies van der Rohe, Die Villen und Landhausprojekte*, Essen 1981.

包豪斯

1. The Bauhaus building in Dessau was built 1925–26 by Walter Gropius to house the famous art school of the same name. It served its purpose for only six years, before it was occupied by the Nazis. After many years of neglect and decay it was restored in 1979 by the authorities of the DDR, and again houses an arts and crafts school. The building was published 1930 in Walter Gropius: *Bauhausbauten Dessau*, Albert Langen Verlag, Munich.

走向本真建筑

1. A "radical functionalism" was proposed by C.

Alexander in *Notes on the Synthesis of Form*, Cambridge, Mass., 1964.

2. R. Venturi, *Complexity and Contradiction in Architecture*, cit.

3. A. Rossi, *L'architettura della città*, Padua 1966.

4. R. Venturi, op. cit., p. 15.

5. Ibidem, p. 22.

6. Ibidem, p. 23.

7. Ibidem, p. 88.

8. Ibidem, p. 50.

9. C. Jencks, *The Language of Post-modern Architecture*, 2nd. ed., London 1978, pp. 131 ff.

10. R. Venturi "Une definition de l'architecture comme abri décoré," in *L'architecture d'aujourd'hui*, no. 78.

11. R. Venturi, Complexity..., cit.

12. A. Rossi, op. cit., passim.

13. Ibidem, p. 11.

14. Rossi's own presentation of his method remains vague. For a good introduction see: E. Bonfanti "Elementi e costruzione," in *Controspazio*, 10, 1970.

15. A. Rossi, op. cit., p. 33.

16. Ibidem, p. 31.

17. Ibidem, p. 13.

18. It has often been observed that the buildings of Rossi hardly allow for human life to "take place."

19. In general see *Architecture rationelle*, Bruxelles 1978.

20. A. Lorenzer in H. Berndt, A. Lorenzer, K. Horn, *Architektur als Ideologie*, Frankfurt-am-Main 1968.

21. C. Norberg-Schulz, *Intentions in Architecture*, London 1964.

22. C. Alexander, op. cit.

23. W. Gropius, *The New Architecture and the Bauhaus*, London 1935, p. 19.

24. Mies van der Rohe, "On Technology," in *L'architecture d'aujourd'hui*, no. 79.

25. H. Meyer, "Bauen," in *Bauhaus*, vol. 2, no. 4.

26. S. Giedion, "Napoleon and the Devaluation of Symbols," in *Architectural Review*, no. 11, 1947.

27. Id., *Space, Time and Architecture*, 5th ed., Harvard 1967, p. 879.

28. L. Moholy-Nagy, *The New Vision*, New York 1947.

29. S. Giedion *Architecture, You and Me*, Harvard 1958, p. 29.

30. Ibidem, p. 27.

31. Ibidem, pp. 138 ff.

32. Id., *Constancy, Change and Architecture*, Harvard 1961.

33. W. Gropius, op. cit., p. 20.

34. C. Norberg-Schulz, *Rencontre avec Mies van der Rohe,"in L'architecture d'aujourd'hui*, no. 79.

35. The Early Christian basilica is something more than a "decorated shed."

36. The negation of life "as it is" Rossi shares with totalitarian ideologies such as Fascism, a fact which undoubtedly counts for general similarities of architectural expression.

37. See C. Jencks, G. Baird (eds.), *Meaning in Architecture*, London 1969. Also G. Broadbent, R. Bunt, C. Jencks, *Signs, Symbols and Architecture*, New York 1980.

38. C. Jencks, The Language..., cit., p. 40.

39. Ibidem, p. 42.

40. G. Bachelard, *The Poetics of Space*, Boston 1964, p. 77.

41. The term *Lebenswelt* was introduced by E. Husserl in *Die Krisis der europäischen Wissenschaften*, (1936).

42. Martin Heidegger, *Sein und Zeit (1927)*. Introduction II, 7.

43. Valuable hints are however given in Bachelard, op. cit., and in O.F. Bollnow, *Mensch und Raum*, Stuttgart 1963.

44. C. Norberg-Schulz, *Genius Loci*, Milan 1979.

45. M. Heidegger, "Bauen Wohnen Denken," in *Vorträge und Aufsätze*, Pfullingen 1954.

46. C. Norberg-Schulz, op. cit.

47. M. Heidegger, "Das Ding," in *Vorträge und Aufsätze*, Pfullingen 1954.

48. C. Norberg-Schulz, *Existence, Space and Architecture*, London 1971, p. 21.

49. M. Heidegger, *Sein und Zeit*, cit.

50. Id., *Die Kunst und Raum*, St. Gallen 1969.

51. C. Norberg-Schulz, *Louis I. Kahn, Idea ed immagine*, Rome 1980.

52. We use the word "image" in the sense of Kevin Lynch.

53. "A boundary is not that at which something stops but, as the Greeks recognized, the boundary is that from which something begins its *presencing*." M. Heidegger, "Bauen Wohnen Denken," cit.

54. C. Norberg-Schulz, *Louis I. Kahn...*, cit.

55. M. Heidegger, *Hebel der Hausfreund*, Pfullingen 1957.

56. C. Norberg-Schulz, *Genius Loci*, cit., in particular the chapter on Rome.

57. P. Portoghesi, *Le inibizioni dell'architettura moderna*, Bari 1974.

58. C. Norberg-Schulz, "Bauen als Problem des Ortes," in *Anpassandes Bauen*, Munich 1978.

59. We cannot here discuss how the interior concentrates and "explains" the "exterior" world. See C. Norberg-Schulz, *Pieter de Bruyne and the Meaning of Furniture*, Ghent 1980.

60. F.L. Wright, *The Natural House*, New York 1954. Also: C. Norberg-Schulz, "The Dwelling and the Modern Movement," in *Lotus*, 9.

61. F.L. Wright, op. cit., p. 37.

62. C. Norberg-Schulz, *Casa Behrens*, Rome 1980.

63. In general see S. Giedion, *Space, Time and Architecture*, cit.

64. Id., op. cit., p. 620.

65. C. Norberg-Schulz, *On the Search for Lost Architecture*, Rome 1975.

66. J. Utzon, "Platforms and Plateaus", in *Zodiac*, no. 10, 1965.

67. C. Norberg-Schulz, *Louis I. Kahn...*, cit.

路易斯·康的信息

1. In 1962 Vincent Scully wrote, "The impression becomes inescapable that in Kahn, as one in Wright, architecture began anew." Vincent Scully, *Louis I. Kahn*, New York 1962, p. 25.

2. A pronounced neo-functionalist approach is found in C. Alexander, *Notes on the Synthesis of Form*, Cambridge, Mass., 1964.

3. Kahn also sometimes used "form" in the "normal" sense, as when he said: "Art is the making of meaningful form."

4. The quotations from Kahn are taken from many different sources. It would burden the text too much to give accurate references.

5. See the preliminary sketches for the church in Rochester. *Perspecta*, 7, 1961.

6. Today we see the pyramids without their "circumstances" and behold their essence.

7. Plato, *Republic*, VII.

里卡多·博菲尔作品中的场所

See also C. Norberg-Schulz, "The Works of Ricardo Bofill," in *Taller de Arquitectura/Ricardo Bofill* (Y. Futagawa, ed.), Tokyo 1985.

约恩·伍重作品中的大地和天空

See J. Utzon, "Platforms and Plateaus," in *Zodiac*, 10, Milan 1962. Also C. Norberg-Schulz, "Sydney Opera House," in *Global Architecture*, 54, (Y. Futagawa, ed.), Tokyo 1980.

文献注释

卡洛·斯卡帕的实证

1. The Galli Tomb in Nervi near Genoa was designed in 1978 and built after the death of Carlo Scarpa. The tomb houses Antonio Galli, known as "the boy with the electric heart" who died in 1976 at the age of fourteen-and-a-half. Antonio Galli was born with a heart defect, and was one of the first to use a "pace-maker." Scarpa was deeply moved by the fate of the sensitive and talented boy.

走向图形建筑

1. The need for "meaning in architecture" was asserted already in *Meaning in Architecture* (ed. by Charles Jencks and George Baird), London 1969.

2. S. Giedion, *Architecture, You and Me*, Cambridge, Mass., 1969, p. 26.

3. I may remind of Christopher Alexander's concern about "pattern-languages."

4. M. Merleau-Ponty, *Phenomenology of Perception*, London 1962, pp. 319 ff.

5. E. Husserl, *Die Krisis der europäischen Wissenschaften*, 1936.

6. See C. Norberg-Schulz, *The Concept of Dwelling*, New York 1985.

7. As is maintained by many followers of Aalto's "organic" modernism.

8. See C. Norberg-Schulz, op. cit.

9. M. Heidegger, "Was heisst Denken?" in *Vorträge und Aufsätze*, Pfullingen 1954, p. 130.

10. *Michael Graves Buildings and Projects 1966-1981* (ed. K.V. Wheeler, P. Arnell, T. Bickford), New York 1982, pp. 11 ff.

11. Ibidem.

12. See C. Norberg-Schulz, *Roots of Modern Architecture*, Tokyo 1985.

The "Introduction" is a shortened version of a lecture given at the University of Dallas on March 2, 1979.

"Meaning in Architecture" was given as a lecture at Cambridge University (England) in spring 1966. It was published in *Meaning in Architecture* (C. Jencks, G.Baird, eds.), London 1969.

"The Concept of Place" was published in Italian in *Controspazio* no. 1, 1969.

"Heidegger's Thinking on Architecture" was published in *Perspecta 20*, Yale University 1980.

"Alberti's Last Intentions" was published in Italian in *Acta ad archaeologiam et artium historiam pertinentia*, – Rome 1962.

"Borromini and the Bohemian Baroque" was given as a lecture at the Accademia di San Luca in Rome 1967, and published in Italian in *Studi sul Borromini*, Rome 1967.

"Space in Architecture after Guarini" was given as a lecture at the Accademia delle Scienze in Turin in autumn 1968, and was published in Italian in *Guarino Guarini e l'internazionalità del barocco*, Turin 1970.

"Centralization and Extension in Vittone's Sacred Works" was given as a lecture at the Accademia delle Scienze in Turin in autumn 1970, and was published in *Bernardo Vittone e la disputa fra classicismo e barocco nel settecento*, Turin 1972.

"Timber Buildings in Europe" is a shortened version of the introduction to *Wooden Houses in Europe*, Y. Futagawa, Tokyo 1978.

"Behrens House" is the introductory text to a booklet published in Italian in Rome 1980.

"Schröder House" is published here for the first time.

"Tugendhat House" is the introductory text to a booklet in Italian and English published in Rome 1984.

"Bauhaus" was published in Italian as the introductory text to a booklet, Rome 1980.

"Towards an Authentic Architecture" was published in *The Presence of the Past*, First International Exhibition of Architecture, Venice, Biennale 1980.

"The Message of Louis Kahn" is a shortened version of "Kahn, Heidegger and the Language of Architecture" given as a lecture at the University of California, Berkeley in 1978, and published in *Oppositions* 18, Cambridge, Mass., 1979.

"The Vision of Paolo Portoghesi" was published as an introduction to *The Sympathy for Things, Objects and Furnishings* designed by Paolo Portoghesi (G. Priori, ed.), Rome 1981.

"The Places of Ricardo Bofill" is published here for the first time.

"The Earth and Sky of Jörn Utzon" was published as an introduction to "Jörn Utzon, Church at Bagsvaerd near Copenhagen, Denmark 1973-76," Y. Futagawa, *Global Architecture*, 61, Tokyo 1981.

"The Testament of Carlo Scarpa" was published as part of the essay "The Galli Tomb" in *Carlo Scarpa, The complete works* (F. Dal Co and G. Mazzariol, eds.), New York 1985.

"On the Way to Figurative Architecture" was given as a lecture in San Francisco, summer 1985, and published in Norwegian in *Byggekunst*, Oslo 1985.

索引